用鑄鐵鍋做出的美味

程安琪 ● 陳凝觀

用鑄鐵鍋做出美味

常言道：「工欲善其事，必先利其器。」我從事烹飪教學40年來，覺得做菜要挑刀子，還有就是鍋子。有一把順手的刀子，才能顯現出刀工的精細；有一個好的鍋子，才能使煮菜變得輕鬆又得心應手。

我主要是做中國菜，一個炒鍋是必備的；另外烹煮湯品或燉煮的菜式時，三、四十年都是用砂鍋或康寧鍋，後來也陸續換過陶鍋、強化瓷鍋或鈦金屬鍋。直到近幾年，鑄鐵鍋抓住年輕人的目光，有些人喜歡它漂亮的顏色或可愛的造型，但我絲毫不為所動，對我而言，做菜時有炒鍋和鈦金屬鍋就夠用了。

直到去年（2016年），「健康好生活」節目邀請我參加演出，我才真正的接觸到鑄鐵鍋。隨著節目錄製，使用次數多了，有一天我主動跟弟弟說，鑄鐵鍋也滿好用的。我想我可以出一本鑄鐵鍋的食譜，因為坊間看到鑄鐵鍋的食譜多半是做西式料理的，但我覺得它也滿適合做中菜的呀！

我覺得鑄鐵鍋一方面有一些傳統燉鍋的優點：在燉煮過程中，讓食物滋味融合；鍋體厚實，水分不易蒸發，能保留食物的原味；它的保溫效果好，上桌後仍能長時間保持熱度，留住食物的美味。另一方面也可以把它當做是美觀實用、方便耐用的鍋具上桌。

當然它不像有塗層的不沾鍋那樣的不沾黏，但是它的內外皆有琺瑯，因此只要在炒之前，冷鍋冷油再加熱，然後再去煎或炒，它一樣可以有不沾黏的效果。和任何鍋具一樣，要會保護它，盡量避免把它當成湯鍋拿來煮麵條、餃子，會使它的不沾黏效果減低，這時候就需要冷鍋冷油再加熱的再來養一次鍋。

也許你還沒能像我一樣，深切地體會到鑄鐵鍋的妙用，希望你能藉由這本書，輕鬆使用鑄鐵鍋來烹調，讓你家中的鑄鐵鍋也能飄出濃濃的香氣、燉出濃醇的美味！

這本書裡秉持著「健康好生活」節目的一貫主旨，挑選的都是健康的食材，做出了70道的菜餚。謝謝「健康好生活」節目提供給我好多只美麗的御守鍋，讓我輕鬆地完成了這本食譜。

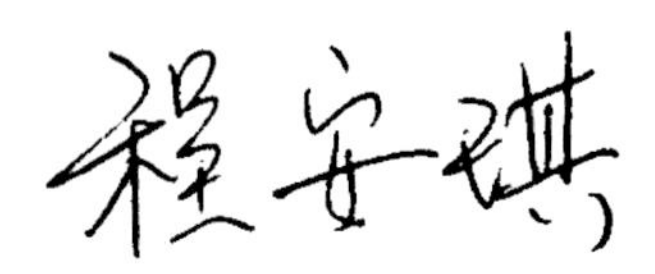

誠食是上策

就跟多數忙碌工作的上班族一樣，在主持「健康好生活」這個節目之前，我是從不開伙煮飯，也不在意飲食安全或品質的。我甚至很少好好吃飯，多數時候，一杯咖啡、一個麵包就打發一餐；有很長一段時間，我的工作需要大量閱讀文件與資料，我總隨便請助理買個麵包三明治等沒有湯湯水水的輕食果腹。這樣的日子維持了很多年，在我 35 歲以後，開始感受到體力與健康走下坡，也開始萌生想開健康節目照顧自己與觀眾健康的念頭。

我想過健康好生活，所以開了「健康好生活」這個節目。

而像我這樣一個對健康生活毫無概念的門外漢，每次思考題材跟內容時，總是希望每一集的內容可以解答我的保健疑惑，或是對生活實質應用很有幫助。從這個角度出發後，我才深深發現，我們社會真的長期欠缺健康生活教育，「健康好生活」如果可以扮演這樣的平台，那真是功德一件。從食材的挑選，健康的保存與應用，對我們的飲食安全真的都很重要。更重要的是，忙碌的現代人可以學得簡單方便的健康生活方式與飲食文化。

和安琪老師結緣是在「健康好生活」的節目，安琪老師出身名門，溫柔敦厚，料理功力深厚，是非常難得的前輩。而且老師總能與時俱進，將許多名菜用簡化或健康化調整成一般人好學好用的做法。我因為安琪老師錄影示範，跟著直播燉了一鍋紅燒肉，拿去辦公室請同事吃，大受好評。後來我跟著安琪老師燒香菇肉燥，也人人稱讚。安琪老師看似平淡的料理手法總會燒出不平凡的驚艷美味。而且這些經典菜色料理手法連我這種初學者都能夠立刻上手，現學現賣。這實在太適合時間永遠不夠用，又渴望為食安健康把關的忙碌現代人。

能夠跟安琪老師一起出食譜書，真是太抬舉我了。

我們一起將 70 道經典菜色簡單化，健康化，再用美觀又好用的御守鍋，燒出經典菜色最原始恆久的美味。把我們在節目中廣受歡迎的食譜集結出書。希望可以讓讀者跟著我們一起追求誠食文化，一起過健康好生活。

陳凝觀

Contents

Chapter 5 蔬菜類

Chapter 6 主食類

Chapter 7 湯品類

[準備篇]

用鑄鐵鍋做出健康美味

近幾年來，外觀鍍有炫麗珐瑯瓷釉的鑄鐵鍋，時尚造型更是一改傳統鍋具沉悶或單調的印象，立刻吸引人們的目光。加上鑄鐵材質擁有能快速導熱、長時間保溫、功能豐富，及號稱可以「一鍋到底」等特點，更在社群平台間造成熱烈討論，成為話題性最高的鍋具。

事實上，鑄鐵鍋受歡迎的原因，不只是外觀美而已。好的鑄鐵工藝能讓鍋子在烹煮過程中，食材受熱均勻，口感一致；而且因為鑄鐵鍋的鍋蓋和鍋體之間非常緊密，鍋體內的熱能量不易流失，鎖住了食物原有的營養與水份，保留食物的原汁原味及色澤。此外還有一大特色就是保溫功能，鑄鐵鍋的熱度可以維持很久，即使在食物八成熟時關火，餘熱也能把菜燜熟，因此也有節能效果。

內部塗層的珐瑯釉，具有超強的耐腐蝕性，大大延長鑄鐵鍋的使用壽命；再加上鑄鐵鍋功能性強，煎、煮、烤、炸、燜、熬都行得通，還可進直接放進烤箱；戶外露營的時候，更可以架在火上烤煮食物，因此廣受消費者青睞。

如何挑選鑄鐵鍋？

看起來，鑄鐵鍋優點不少，但面對市面上琳瑯滿目的鑄鐵鍋，該如何選擇適用的鑄鐵鍋呢？

一般來說，選購鑄鐵鍋時，可以從容量尺寸、類型和用途、內壁塗層等幾個重點著手挑選。首先是類型和用途，鑄鐵鍋和一般鍋具一樣，依功能性分為炒鍋、煎鍋、燉鍋、塔吉鍋等等，可根據自己的實際需求選擇。

接下來就是容量尺寸。考量到鑄鐵鍋是可以直接放上餐桌的鍋具，體積太大，端上桌太佔空間；體積小的，擔心份量不夠，所以選擇容量尺寸就變得非常重要。鑄鐵鍋的廠商一般都可以提供詳細的尺寸，如鍋體直徑、深度，鍋底直徑，鍋壁厚度等，通常 2 公升的燉鍋，就適用於 2 ～ 3 人的小家庭使用。

此外，在市面上常見鑄鐵鍋的內壁珐瑯塗層有黑、白兩色，美觀性因人而異，但有這麼一說，使用白珐瑯鍋時，需在加熱前先加油，冷鍋冷油使用，較適合小火慢燉的料理。黑色珐瑯鍋摸起來澀澀的，

適合煎、炸料理。鑄鐵鍋在澆鑄冷卻過程中會產生大量氣體，因而在鍋子表面形成小氣眼，這是無法避免的，一般有細小的幾處都屬於正常現象。

使用鑄鐵鍋之前

買到喜愛的鑄鐵鍋帶回家之後，準備使用之前，得先進行開鍋程序。先用清水將鍋子清洗乾淨，白琺瑯鍋可直接擦拭乾淨放置在乾燥的地方，用來做菜之前，先將油塗抹在鑄鐵鍋表面上，並慢慢加熱鍋子即可。

至於黑琺瑯鍋，則可先裝七八分滿的水，放在爐火上中小火加熱到沸騰洗鍋。因為第一次開鍋所煮出來的水會有種味道，水沸騰後關火，將鍋中的滾水倒掉，鍋子降溫後用溫水再沖洗一次。接著將鍋子裡外擦乾，放回爐上用最小火加熱，待鍋子溫溫熱熱時，倒入少許的油，用廚房紙巾抹勻（只要薄薄一層），然後小火加熱到油被吸進去後即可。

為了防止鑄鐵鍋生鏽，因此有了所謂的養鍋，是將油脂燒入生鐵鍋的毛細孔中，透過這樣的過程讓生鐵的鍋具，尤其是表面粗糙的黑琺瑯鑄鐵鍋具產生不沾黏的表面。但也有鑄鐵鍋愛好者分享，最簡單又最好的養鍋方式就是「常常使用鑄鐵鍋」，多使用黑琺瑯鍋再加上清潔得宜就會產生自然的不沾表層，尤其是一些會產生或使用高油量的料理，如煎培根、炸豬油、或料理炸物，邊炸的時候邊把油脂抹在鍋邊，烹調的過程中自然讓油脂吃到鍋中就會達到養鍋的效果。

學會了開鍋、養鍋，就可以開始用鑄鐵鍋做出健康美味的料理囉！

（編輯部整理；圖片提供：御守鍋）

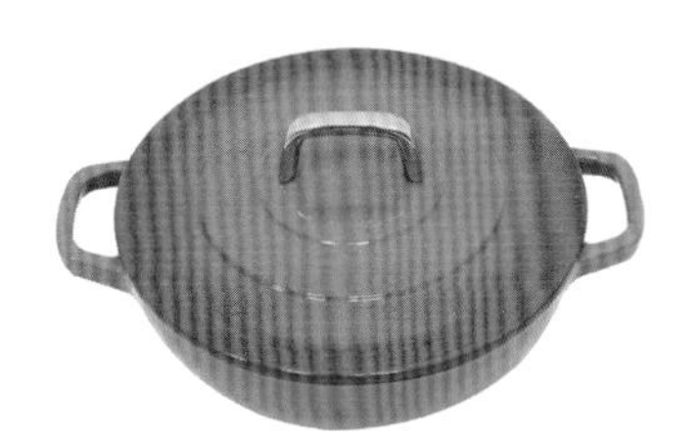

好吃的雞肉料理，
牽動著胃口，也引燃生命的動力。

Chapter1 雞肉類

鮮菇麻油雞

淡淡麻油薑香與軟嫩雞肉組合成舒心的溫補美味。

◎材料

仿土雞 1/2 隻、老薑片 20 片、杏鮑菇 1 盒、鴻喜菇 1 包、美白菇 1 包、新鮮香菇 5 朵、甜豆片 1 把、枸杞子 1 把、九層塔 1 把

調味料

黑麻油 1/2 杯、米酒 2 杯、水 1 杯、冰糖少許、鹽適量調味

◎做法

1. 將仿土雞剁成塊狀；杏鮑菇撕成條狀備用。
2. 老薑片放入低溫黑麻油中慢慢煸香，接著放入剁成塊的仿土雞後翻炒，炒至雞塊變色。
3. 加入撕成條的杏鮑菇一起再炒一下，加米酒和水煮滾後，轉小火燉煮約 15 分鐘。
4. 加入鹽、冰糖後，再放入處理過的其他菇類和甜豆片及枸杞子，蓋上鍋蓋，再煮滾。
5. 關火撒下九層塔，蓋上鍋蓋，再燜 1 分鐘即可，上桌拌勻。

百合山藥炒雞片

山藥、百合入菜，
營養豐富又美味。

◎材料

雞胸肉 1 片、山藥 200 公克、百合 1/2 球、皇宮菜 1 把、枸杞子 1 大匙、蔥 1 支、薑 5 小片、木耳適量

醃雞料

鹽 1/4 茶匙、水 2 大匙、蛋白 1 大匙、太白粉 2 茶匙

調味料

酒 1/2 大匙、鹽 1/4 茶匙、水 5 大匙、太白粉少許、麻油數滴

◎做法

1. 雞胸肉切片，用醃雞料抓拌均勻，醃 30 分鐘。
2. 山藥削皮，切成厚片。
3. 百合分散、並修剪去褐色外緣；蔥切小段。
4. 鍋中煮滾水 5 杯，放入山藥燙 1 分鐘。百合先燙大（厚）片，30 秒後再燙小（薄）片，大片燙久一點，燙好立刻泡冷水降溫、撈出，瀝淨水分，否則百合繼續熟化就過軟而不夠脆。接著再放下雞片，小火燙熟，撈出。
5. 用 1 大匙油炒香蔥段和薑片，放入雞片、山藥、百合和枸杞子，略炒一下，加入調勻的調味料，拌炒均勻，即可裝盤，放在炒好並加鹽調味的皇宮菜和木耳上。

味噌醬拌雞柳

雞柳軟嫩滑口，醬汁香甜，讓人食指大動。

◎材料

雞胸肉 250 公克、金針菇 1 包、鴻喜菇 1 包、杏鮑菇 1 盒、胡蘿蔔 1/2 支、蔥絲 1 杯、紅辣椒 1/2 支、洋蔥 1/2 個、炒過白芝麻 1 大匙

調味料

（1）鹽 1/2 茶匙、水 2 大匙、太白粉 1/2 大匙

（2）味噌醬 1½ 大匙、味醂 1 大匙、糖 1/4 茶匙、麻油 1 茶匙、橄欖油 1/2 大匙、水 3 大匙

◎做法

1. 雞胸肉修整好後、切成粗條，用調味料（1）拌勻，醃 20~30 分鐘以上。
2. 洋蔥切絲、炒至微黃，烹上少許醬油，盛放入盤中。
3. 各種菇類處理好；胡蘿蔔切絲；紅辣椒去籽、切絲。
4. 調味料（2）先調好，在小鍋中煮滾後立刻關火。
5. 燒開 4 杯水，放下各種菇類燙煮一滾，撈出，瀝乾水分，放在小鍋中。
6. 水再燒開，放入雞絲，改成小火，用筷子攪散雞肉，待雞肉煮熟後，撈出也放在小鍋中，加入紅辣椒絲，一起和味噌醬拌勻，盛放在洋蔥絲上，撒上芝麻。

綠咖哩鮮菇雞片

綠咖哩吃進嘴裡，感受到的是清爽辣味。

◎材料

雞胸 1/2 個、草菇 10 粒、洋菇 10 粒、鴻喜菇 1 包、檸檬葉 3 片、香茅 1~2 支、椰子油 4 大匙、椰漿 1 杯

煮高湯料

冬瓜 1 大塊、洋蔥 1 個、雞骨架 1 個、香菜梗 3~4 支

調味料

綠咖哩 2 大匙、泰式魚露 2 大匙、椰糖或糖 1 大匙

◎做法

1. 雞胸去骨去皮，切成片。將雞骨及雞皮加入冬瓜、洋蔥及香菜梗熬煮 1 小時成為高湯，過濾湯汁，約取用 1 杯。
2. 鍋中放椰子油及椰漿和高湯，加熱時放下綠咖哩慢慢攪至溶化，綠咖哩熬煮時放入香茅、檸檬葉同煮。
3. 草菇切對半後用熱水汆燙一下；洋菇一切為二；鴻喜菇切去根部。
4. 將綠咖哩以魚露和椰糖調味，放下雞片及菇類，煮滾後改小火煮 1~2 分鐘，見雞片已熟即可關火。

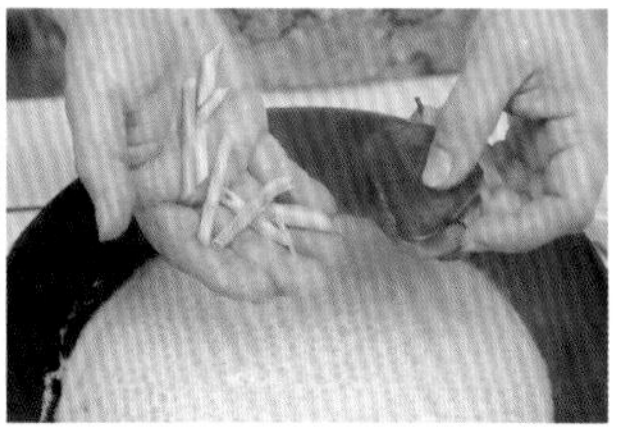

椰香咖哩雞

傳統咖哩雞加上椰漿，口味層次更香濃。

◎材料

去骨雞腿 2 支、洋蔥丁 1/2 杯、大蒜屑 1/2 大匙、馬鈴薯 2 個、胡蘿蔔 1 支、咖哩粉 1½ 大匙、麵粉 1 大匙、椰漿 1 杯

調味料

（1）鹽 1/2 茶匙、太白粉 1 茶匙、水 1 大匙

（2）鹽 1/2 茶匙、糖 1/4 茶匙、清湯或水 2 杯

◎做法

1. 雞腿切塊，用調味料（1）拌勻，醃 20 分鐘。
2. 馬鈴薯和胡蘿蔔分別切滾刀塊備用。
3. 用 2 大匙油炒香洋蔥丁和大蒜屑，加入咖哩粉炒香，加入清湯和椰漿攪勻，放入汆燙過的雞腿及馬鈴薯、胡蘿蔔，煮 25~30 分鐘。
4. 見雞肉已入味，馬鈴薯已軟便可起鍋。

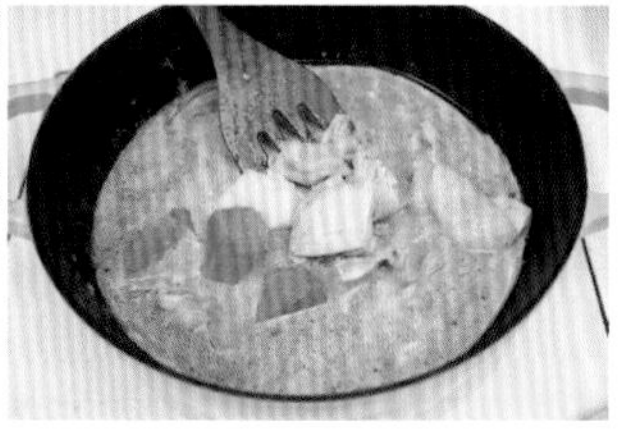

蒟蒻燒雞腿

零熱量的蒟蒻入菜，讓人不必擔心吃太多。

◎材料

去骨雞腿 1 支、蒟蒻 1/2 塊、秀珍菇 1 盒、胡蘿蔔 1/2 支、蔥 1 支（切段）、油 1/2 大匙

調味料

柴魚醬油 2 大匙、糖 1 茶匙、水 2/3 杯

◎做法

1. 雞肉洗淨、擦乾，切成一口大小；秀珍菇快速沖一下水，瀝乾；胡蘿蔔切小塊。
2. 蒟蒻切片，在中間劃一刀口，將蒟蒻翻轉成麻花狀，用冷水多沖洗一下（或用熱水燙一下），瀝乾水分。
3. 鍋中用油把雞肉煎至外表呈金黃色，加入蔥段、蒟蒻、秀珍菇、胡蘿蔔和調味料，拌炒一下，蓋上鍋蓋燒約 10 分鐘。
4. 在燒的時候可以掀開鍋蓋加以翻拌一下，煮到湯汁收乾即可。

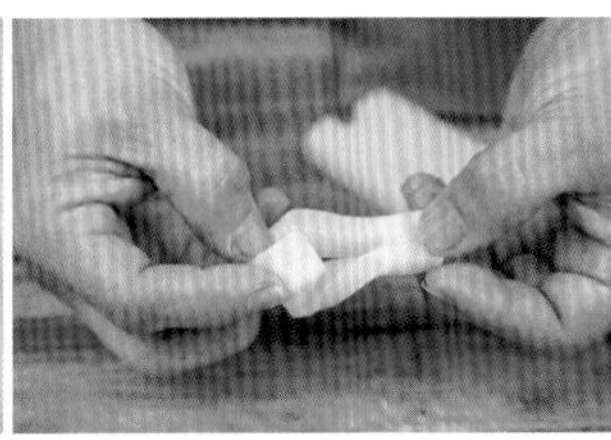

西芹洋蔥燒雞腿

西芹、洋蔥加雞肉，
輕鬆快速做好菜。

◎材料

雞腿 2 支、洋蔥 1 個、紅蔥 4 粒、西芹 2~3 支、檸檬 1/2 個

調味料

淡色醬油 3 大匙、酒 2 大匙、冰糖 1 茶匙

◎做法

1. 雞腿剁成塊；洋蔥切寬條；紅蔥頭切片；西芹削去老筋後切條。
2. 鍋中燒熱 2 大匙炒雞塊，炒至雞肉變色後盛出。
3. 另加入 1 大匙油炒紅蔥片和洋蔥，待香氣透出時，放回雞塊和西芹，再炒一下。
4. 加入調味料炒煮約 1 分鐘，加入 1 杯半熱水，再煮滾後改成中小火，燉燒 15~20 分鐘，至湯汁減少，起鍋前滴下檸檬汁拌勻。

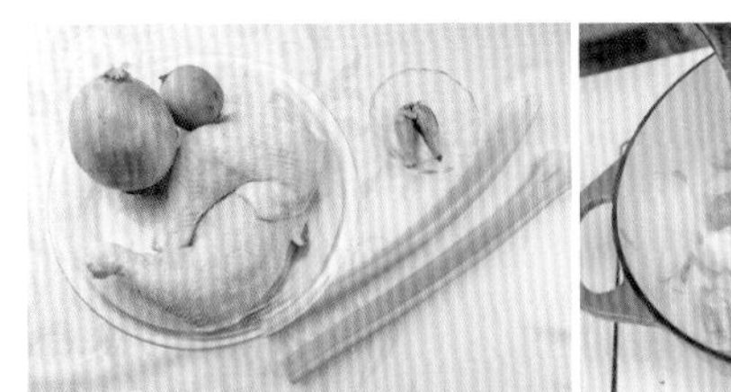

鮮茄燒雞翅

番茄的酸甜中和了雞翅的油膩感，令人回味無窮。

◎材料

2節雞翅6支、洋蔥1/2個、洋菇8~10粒、番茄2個、青豆2大匙、麵粉1/2杯

調味料

（1）鹽1/2茶匙、黑胡椒粉少許

（2）番茄醬1大匙、酒1大匙、淡色醬油1茶匙、水或清湯2杯、鹽1/3茶匙、糖1/2茶匙

◎做法

1. 雞翅剁成2塊，放入大碗中，撒下鹽和胡椒拌一下，放置5分鐘。沾上一層麵粉。
2. 番茄蒂頭處切上4條刀口，放入滾水中燙約1分鐘，取出、再泡入冷水中去皮，切成4大塊後去籽，再每個切成4小塊。
3. 洋菇一切為二；洋蔥切粗條備用。
4. 鍋中燒熱2大匙油，放下雞塊煎黃外皮，盛出。放下洋蔥和洋菇炒香，再放下番茄塊和番茄醬同炒。
5. 淋下酒和醬油，加入水，煮滾後放下雞翅，下鹽和糖調味，以小火煮20~25分鐘至雞已經夠爛。
6. 再試一下味道，適量調味。

啤酒雞

雞肉燉煮過程中融入啤酒，讓調味更入味，充滿夏天味道。

◎材料

去骨雞腿2支、栗子20粒、洋蔥1顆、馬鈴薯1顆、綠花椰菜1棵、黑木耳、白木耳、美白菇 1 包、鴻喜菇 1 包、大蒜 20 粒、薑末 1 茶匙、啤酒 1 罐

調味料

醬油 1 大匙、蠔油 1 大匙、鹽 1/2 茶匙、八角 2 顆、黑胡椒粉 1/2 茶匙

◎做法

1. 去骨雞腿切塊；洋蔥切塊；馬鈴薯也切成厚片；綠花椰菜分成小朵；黑、白木耳略剝散開；美白菇和鴻喜菇分別處理好。
2. 起油鍋燒熱 2 大匙油，先放入雞腿煎至表面微黃。
3. 加入洋蔥和大蒜炒香，再放入薑末炒一下。
4. 加入馬鈴薯、栗子、黑、白木耳、調味料和啤酒，煮滾後改小火煮 10 分鐘。
5. 加入綠花椰菜和兩種菇類，視情況可加少許水，再燜煮 3~5 分鐘即可。

茶油山藥雞

茶油甘醇味美，搭配山藥、雞肉，肉質乾香多汁好下飯。

◎材料

去骨雞腿2支、山藥300公克、南瓜300公克、洋蔥1/2個、蔥2支、薑7~8片

調味料

苦茶油1大匙、醬油2大匙、米酒2大匙、味醂2大匙、水1杯

◎做法

1. 雞腿切成塊；山藥削皮、切塊；南瓜連皮切塊；洋蔥也切成塊。
2. 鍋中下1大匙苦茶油，炒香薑片，放下雞肉和洋蔥拌炒至香氣透出。
3. 加入南瓜、山藥、味醂和水，一起燉煮15分鐘。
4. 最後加入米酒和醬油再煮滾，起鍋前加入蔥段即可。

韓式辣煮雞

不用飛去韓國，也能自己輕鬆做的韓式傳統美味。

◎材料

雞腿 2 支、大蒜 5 粒、乾辣椒 1 支、薑末 2 茶匙、馬鈴薯 400 公克、胡蘿蔔 200 公克、泡好香菇 100 公克、熱水 3 杯、大蔥 1 段（或蔥 2 支）、洋蔥 1/2 個

調味料

麻油 2 大匙、醬油 1/3 杯、辣椒粉 2 大匙、韓式辣椒醬 3 大匙、胡椒粉 1/2 茶匙

◎做法

1. 雞斬剁成小塊；大蒜切片；馬鈴薯、胡蘿蔔削皮、切塊；泡軟的香菇切片；乾辣椒切小丁；大蔥切斜段；洋蔥切粗絲。
2. 用麻油炒大蒜、薑末和乾辣椒，爆香後放下雞塊炒至變色。
3. 雞塊變色後再放下洋蔥、蔥段、香菇、馬鈴薯和胡蘿蔔，持續以大火來炒。
4. 加入調味料再炒，炒至香氣透出時，加入熱水煮滾。
5. 改小火燉煮至雞肉已熟，且湯汁煮剩下一半時即可。

全神貫注的以鑄鐵鍋燉煮一道道菜餚，
釋放壓力，安頓身心。

Chapter2 牛羊類

沙茶牛肉空心菜

掌握火候和速度，
就能做成這道菜。

◎材料

菲力牛肉片150公克、空心菜1把、大蒜2粒、蔥1支、紅辣椒1支（切絲）

調味料

（1）水 2 大匙、醬油 1 茶匙、太白粉 2 茶匙

（2）沙茶醬 1 大匙、醬油 2 茶匙、糖 1/4 茶匙、水 2 大匙

◎做法

1. 牛肉片用調味料（1）拌勻，醃 20 分鐘。
2. 空心菜摘嫩的部分洗淨、瀝乾。
3. 調味料（2）先在小碗中調勻備用。
4. 鍋中燒熱 2 大匙油，放下牛肉炒至 8 分熟，盛出。
5. 放下大蒜片爆香，放入空心菜快炒，加入牛肉和調味料（2）再快速翻炒、即可盛入盤中。

番茄黃瓜炒牛肉

番茄微酸、黃瓜清爽，
搭配牛肉爽口不膩。

◎材料

沙朗牛肉 250 公克、番茄 1 個、黃瓜 1 條、玉米筍 8 支、蔥 1 支

調味料

（1）醬油 2 茶匙、水 2 大匙、小蘇打粉 1/6 茶匙、太白粉 2 茶匙

（2）酒 2 茶匙、醬油 1 大匙、糖 1 茶匙、水 5 大匙

（3）黑胡椒粉少許、麻油數滴

◎做法

1. 番茄切塊；黃瓜切片；玉米筍和蔥切段。
2. 牛肉用調味料（1）醃好，放置 30 分鐘，過油炒至 9 分熟，盛出。
3. 鍋中熱 2 大匙油，將蔥段和番茄加入炒一下，再加入玉米筍和黃瓜片再炒勻，加入調味料（2） 燜煮 1 分鐘。
4. 放下牛肉，大火拌炒均勻，撒下胡椒粉及麻油，盛出。

奶油香蒜炒肋眼牛排

奶油加香蒜香氣逼人，襯托出肋眼牛排的極致美味。

◎材料

菲力或肋眼牛排 300 公克、大蒜 6 粒（切片）、奶油 2 大匙、玉米筍 4 支、綠蘆筍 3 支、紅甜椒 1/3 個

調味料

（1）鹽、黑胡椒各少許

（2）酒 1/2 大匙、奶油 1 塊、美極醬油露 1½ 大匙、現磨黑胡椒粉 1/4 茶匙

◎做法

1. 牛排撒上鹽和胡椒粉，放約 5 分鐘。
2. 鑄鐵鍋燒至極熱，放下牛排、煎約 1 分鐘，已封住表面肉汁，翻面，再煎黃另一面，大約也是 1 分鐘、取出、切成方塊。
3. 鍋中用油炒香大蒜片，待大蒜略為焦黃，將牛排放回拌炒、淋下酒及奶油，再淋下 2 大匙水，滴下美極醬油露，炒至牛排塊為 6~7 分熟，撒下現磨的黑胡椒粉。盛盤。
4. 附上炒過的玉米筍、蘆筍和紅甜椒。

鮮蔬燉牛腱

品嘗到牛腱的鮮味及蔬菜清香。

◎材料

進口牛腱 2 個、洋蔥 1 個、西芹 2 支、番茄 1 個、馬鈴薯 1 個、胡蘿蔔 1 支、月桂葉 2 片、青豆 2 大匙、麵粉 2 大匙、奶油 1 大匙、油 2 大匙

調味料

紅酒 1/4 杯、糖 1 茶匙、醬油 1 大匙、鹽 1 茶匙、胡椒粉少許

◎做法

1. 牛腱先直著切成兩半，再切成厚片，撒上少許鹽、胡椒粉和麵粉。
2. 洋蔥切大塊；馬鈴薯和胡蘿蔔切滾刀塊；西芹切長段；番茄也切成塊。
3. 鍋中放奶油和油，將牛腱煎黃後盛出。放入洋蔥，用油炒軟，淋下紅酒，再加入調味料，接著放入牛腱、西芹、番茄和月桂葉，加入水 3 杯煮滾後改小火燉煮約 40 分鐘。
4. 最後加入馬鈴薯和胡蘿蔔煮軟（約 20 分鐘），適量加鹽和胡椒粉調味，為增色，最後可以撒下青豆拌勻。

Tips　進口牛腱較容易煮軟，整個煮的時間約 50~60 分鐘，若用台灣牛腱則需燉煮約 2 個半小時。

川味紅燒牛肉

Q 嫩的牛肉與濃郁湯頭，
令人齒頰留香。

◎材料

台灣牛肋條或腱子肉 2 公斤、牛大骨 4~5 塊、大蒜 5 粒、蔥 5 支、薑 5 大片、八角 2 顆、花椒 1 大匙、紅辣椒 2 支

煮牛肉料

蔥 2 支、薑 2 片、酒 2 大匙、八角 2 顆

調味料

辣豆瓣醬 2 大匙、紹興酒 2 大匙、醬油 3/4 杯、鹽適量

◎做法

1. 牛肉整塊和牛大骨一起在開水中汆燙 2 分鐘，撈出、洗淨。
2. 煮滾 6 杯水，將牛肉、牛大骨和煮牛肉料放入，再煮滾後改小火煮約 1 個半小時。撈出牛肉後，牛大骨繼續再熬煮 1 小時。牛肉放涼後切成厚片或切塊均可。
3. 另在鑄鐵鍋內燒熱 2 大匙油，先爆香蔥段、薑片和大蒜粒，並加入花椒、八角同炒，再放下辣豆瓣醬煸炒一下，繼續加入酒和醬油，用一塊白紗布將大蒜等撈出包好。
4. 將牛肉放入鍋中略炒，加入大蒜包、紅辣椒及牛肉湯（湯要蓋過牛肉八分滿），再煮約 1 小時至肉軟爛便可。

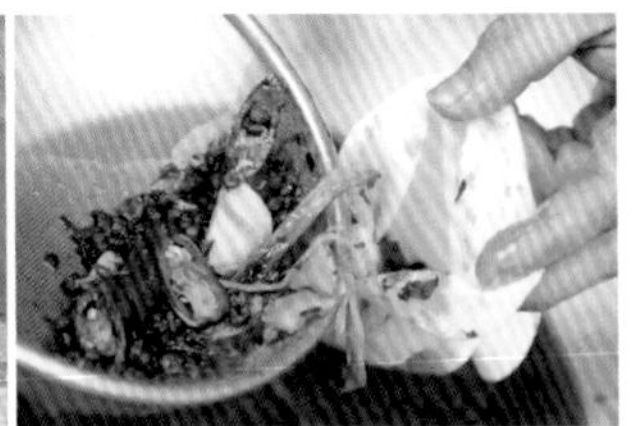

Tips　要做成牛肉麵則要多煮一些牛骨高湯，把高湯加鹽調味後、加入煮熟的麵中、再加上紅燒牛肉即可。

西芹百合炒牛柳

營養滿滿的西芹和百合，清脆好爽口。

◎材料

嫩牛肉 250 公克、百合 1 球、西洋芹菜 2 支、蔥 2 支、嫩薑片 15 小片、胡蘿蔔半支

醃肉料

醬油 1/2 大匙、酒 1/2 大匙、小蘇打 1/6 茶匙、水 1 大匙、太白粉 1/2 大匙

綜合調味料

蠔油 1 大匙、酒 1/2 大匙、糖 1/4 茶匙、水 2 大匙、麻油 1/2 茶匙、胡椒粉少許

◎做法

1. 牛肉切成柳，用醃肉料拌勻，醃半小時左右
2. 西洋芹菜削成片；百合分成單片，和西洋芹菜用滾水燙約 20~30 秒，瀝出；胡蘿蔔煮熟、切片；蔥切段。
3. 燒熱 3 大匙油，放下牛肉 ，大火過油至八分熟，撈出。
4. 放下蔥、薑爆香，加入牛肉、配料及調勻的綜合調味料，大火快炒，拌合即裝盤。

當歸燴羊肉

善用當歸、枸杞、紅棗等保健食材，做成色香味俱全的滋補菜餚。

◎材料

羊肉片300公克、豆管10片、荸薺10粒、菠菜1把、當歸1片、桂枝少許、紅棗10粒、枸杞子1把

調味料

（1）淡色醬油1茶匙、水1大匙、太白粉1茶匙

（2）淡色醬油1/2大匙、鹽適量

◎做法

1. 把當歸、桂枝和泡脹的紅棗，用1杯半的水煮10分鐘，濾出湯汁，紅棗放回湯中。
2. 羊肉片用調味料（1）拌勻備用。
3. 豆管泡軟；荸薺切半；菠菜切段。
4. 將豆管、荸薺、紅棗一起放入湯汁中，加少許淡色醬油和鹽調味，煮5分鐘。
5. 羊肉片用少許油炒過，盛出，放入湯中，再加上菠菜及枸杞子，一滾便略勾芡即可。

豬肉烹煮過程中散發的香氣和色澤，征服了味蕾，
無怪乎大文豪蘇東坡都為豬肉寫詩呢！

Chapter3
豬肉類

福祿肉

福祿肉取名自「腐乳」的諧音，讓人大啖美食又能討個好彩頭。

◎材料

梅花肉 600 公克、蔥 3 支、薑 2 片、大蒜 3 粒、青蒜 1 支

調味料

紅糟 2 大匙、豆腐乳 1 塊、紹興酒 2 大匙、淡色醬油 1 大匙、冰糖 1½ 大匙

◎做法

1. 梅花肉切成略大的塊狀，用熱水汆燙 1 分鐘，撈出洗淨。
2. 蔥切段；大蒜拍裂；豆腐乳加汁和水約 2 大匙，壓碎調勻。
3. 鑄鐵鍋中用 1 大匙油爆香大蒜，再放下蔥、薑炒香，加入紅糟、腐乳和肉塊再炒一下，待香氣透出後，淋下酒、冰糖和水 2 杯，煮滾後改小火燉煮 1 個半小時。
4. 青蒜切斜段，拌入肉中一滾即可起鍋。

Tips　肉在煮熟後會縮小一些，所以生的時候要切大一點。

雙蒜炒松阪豬肉

松阪豬肉質脆、嫩，雙蒜炒之，口感帶勁。

◎材料

松阪豬肉 1 片、洋菇 1 盒、黃瓜 2 條、青蒜 1 支、大蒜 4 粒、紅辣椒 1 支

調味料

酒 1 大匙、醬油 1 大匙、鹽適量、糖 1/4 茶匙、水 1/3 杯、黑胡椒粉 1/4 茶匙、麻油少許

◎做法

1. 松阪豬肉打斜切片；洋菇對切；黃瓜切片後用少許鹽抓拌醃 10 分鐘，略為沖水，擠乾水分。
2. 大蒜切片；青蒜打斜切片；紅辣椒也打斜切片。
3. 鍋中放油 2 大匙，放下豬肉先炒，再加入大蒜和洋菇炒香，放下黃瓜及青蒜、加入酒等調味料、拌炒均勻，放入紅辣椒及黑胡椒、麻油，再拌炒即可盛盤。

鮮菇金三角

香菇肥厚、油豆腐外脆內嫩，令人再三回味。

◎材料

絞肉 200 公克、三角油豆腐泡 8 個、杏鮑菇 6 支、新鮮香菇 4 朵、美白菇 1 盒、荸薺 10 粒、蝦米少許、綠花椰菜 1 棵、蔥 1 支（切蔥花）

調味料

（1）蔥屑 1 大匙、醬油 1 大匙、麻油 1/2 茶匙、太白粉 1 茶匙、水 2 大匙

（2）醬油 1 大匙、水 1½ 杯、糖 1/3 茶匙、鹽 1/4 茶匙

◎做法

1. 絞肉再剁一下，加蔥屑、剁碎的蝦米及 5 粒拍碎的荸薺，再加入其他的調味料（1），攪拌拌勻。
2. 油豆腐切開一個小刀口，把絞肉餡填塞入其中。
3. 炒鍋中加熱油，把油豆腐釀肉的一面放入鍋中煎香，撒下蔥花炒香。
4. 加入調味料（2）和各種菇類、剩餘的荸薺及摘好的綠花椰菜，煮滾後改小火燒約 8~10 分鐘即可關火。

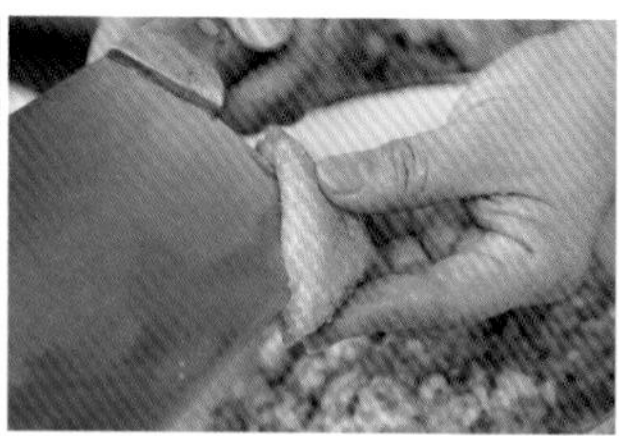

茄汁豬排

帶甜的洋蔥番茄醬汁，特別開胃，很受小朋友喜愛。

◎材料

豬大排 3 片、洋蔥 1/2 個（切絲）、胡蘿蔔 1/2 支、洋菇 8 粒、麵粉 1/3 杯

調味料

（1）鹽 1/4 茶匙、胡椒粉少許、酒 1 大匙、小蘇打粉 1/4 茶匙、水 3 大匙、太白粉 1 茶匙

（2）番茄醬 3~4 大匙或番茄糊 1½ 大匙、鹽 1/3 茶匙、糖 1/2 茶匙、水 1½ 杯

◎做法

1. 豬大排用槌肉棒或刀背拍鬆、拍大一點，放入調味料（1）拌醃，醃 20 分鐘。
2. 洋菇一切為二；胡蘿蔔切絲。
3. 豬排沾裹上麵粉，再抖掉多餘的粉。炒鍋內燒熱 2 大匙油，下豬排迅速煎黃兩面後、先盛出、切成寬條。
4. 另起油鍋燒熱 2 大匙油，炒香洋蔥絲、洋菇和胡蘿蔔絲，炒至洋蔥變軟，加入調味料（2），煮滾後放下豬排，用中小火煮至熟（約 5 分鐘）。
5. 開大火略收乾湯汁，或用少許調水的太白粉勾芡，裝盤。

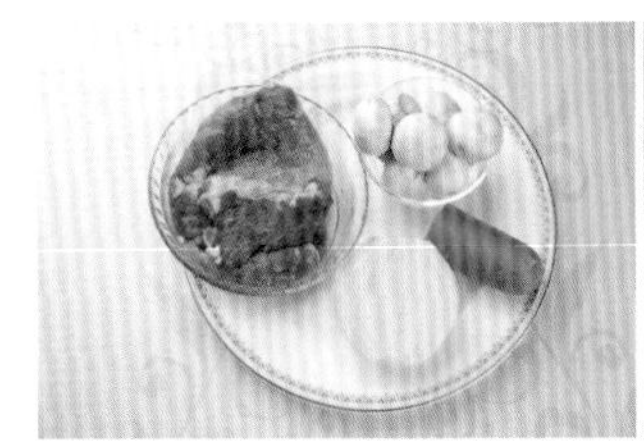

山藥紅燒肉

梅花肉加山藥紅燒，色澤、口感俱佳，令人無法抗拒。

◎材料

梅花肉 800 公克、山藥400公克、蔥2支、薑 2 片、八角 1 顆

調味料

紹興酒 1/4 杯、醬油 1/2 杯、冰糖 1 大匙

◎做法

1. 將豬肉切塊，用熱水汆燙約 1 分鐘，撈出、沖洗乾淨。
2. 山藥切成滾刀塊。
3. 鑄鐵鍋中燒熱 1 大匙油，放入蔥段、薑片和八角，炒至香氣透出。
4. 放入豬肉再炒約 1 分鐘，淋下酒和醬油，再炒至醬油香氣透出，加入約 2 杯的水，大火煮滾後改小火慢燒。
5. 約1個半小時後，放入山藥，再煮約10~15分鐘，見肉與山藥均已夠軟，開大火收汁，至湯汁收濃稠即可關火。

墨魚大㸆

經典上海年菜。鮮甜五花肉加上新鮮墨魚，海陸齊下，令人食指大動。

◎材料

墨魚 1 條（約 400 公克）、五花肉或梅花肉 900 公克、蔥 4 支、薑 2 片、八角 2 粒

調味料

紹興酒 1/2 杯、醬油 1/2 杯、冰糖 2 大匙

◎做法

1. 豬肉切成大塊，墨魚切成菱角形，分別在滾水中（水中加酒 1 大匙）汆燙約 1 分鐘，撈出。
2. 起油鍋用 2 大匙油將蔥段、薑片和肉塊炒香，淋下酒和醬油炒勻，注入水 2½ 杯，用大火煮滾後改小火，燉煮約 40 分鐘。
3. 加入墨魚、冰糖和八角，再以小火煮至夠軟（約 40~50 分鐘），如湯汁仍多，再打開鍋蓋，以大火將湯汁收乾一些。

砂鍋獅子頭

肥瘦比例合宜的獅子頭，軟嫩入口即化，熱騰騰的暖到心窩裡。

◎材料

豬前腿絞肉 900 公克、大白菜 1 公斤、蔥 4 支、薑 3 片、爆米花 3~4 大匙、太白粉 1 大匙加水 3 大匙調溶

調味料

（1）鹽 1/3 茶匙、蔥薑水 1/2~1 杯、酒 1 大匙、醬油 1½ 大匙、蛋 1 個、太白粉 1 大匙、胡椒粉少許

（2）醬油 1 大匙、鹽 1/4 茶匙、熱清湯或水 2~3 杯

◎做法

1. 豬肉大略再剁片刻，使肉產生黏性後放入大碗中。
2. 蔥 2 支和薑 3 片拍碎，在 1 杯的水中泡 5 分鐘，做成蔥薑水。
3. 依序將調味料（1）調入肉中，邊攪拌邊摔打，以使肉產生彈性。加入爆米花再拌勻。
4. 將肉料分成 6 份，手上沾太白粉水，將肉做成大型肉球。鍋中燒熱 4 大匙油，放入肉球一一煎至焦黃，排放在鑄鐵鍋中。
5. 取下大白菜外層的 4 片，保持完整，其他的切成大片，用熱水燙至軟，撈出。
6. 在煎好的獅子頭中加入調味料（2），蓋上大白菜葉子，先以大火煮滾後改小火，燉煮約 1 個半小時。
7. 加入燙軟的白菜，盡量放在鍋中底部，再燉 30 分鐘。

Tips　獅子頭因為較耗時燉煮，可以一次多做一些，在燉煮 1 個半小時後，分包加入湯汁冷凍，以便下一次加熱食用。

南瓜蒸瓜子肉

南瓜鬆軟、香甜，肉丸可口，真好吃啊！

◎材料

絞肉 300 公克、醬瓜 2~3 大匙、蔥屑 1 大匙、南瓜 450 公克

調味料

酒 1 大匙、醬油 1 大匙、糖 1/4 茶匙、鹽 1/4 茶匙、清水 3 大匙、胡椒粉 1/6 茶匙、大蒜泥 2 茶匙、太白粉 1 大匙

◎做法

1. 將絞肉再剁一下以產生黏性，放入大碗內，加入全部調味料，仔細攪拌至完全吸收而呈黏稠狀為止。
2. 醬瓜切碎，拌入肉餡中。
3. 南瓜去籽，切成塊，排在盤子裡、再將做成的肉丸放在上面。
4. 鑄鐵鍋中加入 3 杯水，再放上一個蒸架，開大火將水煮滾，放入丸子，改以中火蒸 12~15 分鐘（視丸子大小而定），關火燜 3 分鐘。開蓋後取出。

Tips　鑄鐵鍋密合度好，可以當成蒸鍋來蒸煮食物，節省能源及時間。

香菇肉燥

家庭常備菜，只要有一鍋肉燥，拌飯、拌麵、淋在燙青菜上，就是好吃料理。

◎材料

絞肉 600 公克、花菇 5 朵、大蒜屑 1 大匙、蔭瓜 1/2 杯、紅蔥酥 1 杯

調味料

酒 1/2 杯、醬油 1/2 杯、糖 1 茶匙、五香粉 1 茶匙

◎做法

1. 花菇泡軟、切碎。
2. 鑄鐵鍋中熱 3 大匙油炒熟絞肉，油不夠時可以沿鍋邊再加入一些油，要把絞肉炒到肉變色、肉本身出油。
3. 加入大蒜屑和香菇同炒，待香氣透出時，淋下酒、醬油、糖和水 3 杯，同時加入蔭瓜和半量的紅蔥酥，小火燉煮約 1 個半小時。
4. 放下另一半紅蔥酥和五香粉，再煮約 20 分鐘即可關火。

Tips　喜歡加煮滷蛋的話，先煮好白煮蛋，煮滷肉時便加入一起滷煮。

生長在環海島嶼，海鮮是令人感謝的食材，
大口吃下，帶來無比的滿足感。

Chapter4

海鮮類

番茄洋菇燒鮭魚

口感層次豐富又健康，全家都喜歡。

◎材料

鮭魚1片（約350公克）、番茄1個（切丁）、洋菇4~6粒（切粒）、洋蔥1/4個、青豆2大匙、大蒜1粒（剁碎）、奶油1大匙、檸檬1/2個

調味料

（1）鹽1/2茶匙、胡椒粉少許、麵粉1大匙

（2）鹽1/3茶匙、糖1/2茶匙、水1½杯

◎做法

1. 鮭魚洗淨、擦乾，撒下鹽和胡椒粉拍勻，再薄薄的撒上一層麵粉。
2. 將半個檸檬擠汁、約有1大匙汁。
3. 鍋中先熱油，放下鮭魚，大火煎黃，翻面，再煎熟另一面，盛出。
4. 利用鍋中的油炒香蒜末、洋蔥丁和洋菇，再加入番茄丁和調味料（2），同時放回鮭魚，以中小火燒煮6~7分鐘至剛熟。
5. 鮭魚盛放盤中，在醬汁中加入奶油和檸檬汁，不斷攪動，使湯汁收濃一些，撒下青豆，再煮一滾，淋到鮭魚上即可。

五味子山楂燴鮮蚵

藥汁入菜，
營養滿點。

◎材料

蚵仔 300 公克、青江菜 4 棵、酸菜 2 片、芹菜 2 支、枸杞子 2 大匙、柴胡 2 大匙、五味子 2 大匙、山楂 2 大匙、番薯粉 1/2 杯

調味料

鹽適量、醋 1 大匙、胡椒粉 1/2 茶匙、太白粉水適量、麻油數滴

◎做法

1. 蚵仔用少許鹽抓洗並去除蚵殼，盡量瀝乾水分後拌上番薯粉，投入滾水汆燙 30 秒鐘後即刻撈出。
2. 酸菜片成薄片後切成細絲，用冷水浸泡一下、漂洗去一些鹹味。
3. 青江菜切絲；芹菜切粒。
4. 柴胡、五味子和山楂加水 2 杯，煮滾後改小火煮 20 分鐘，瀝出約 1 杯藥汁。
5. 藥汁中加入酸菜煮滾，放入青江菜後再加入蚵仔，煮滾後加鹽、醋、胡椒粉調味，勾芡後撒入芹菜粒、枸杞子和麻油即可。

沙茶櫻花蝦醬

含鈣和蛋白質，口感細緻，甘甜味美。

◎材料

豬肉100公克、櫻花蝦1杯、茭白筍2支、香菇3朵、魚丸8顆、洋菇10粒、小豆乾 10 片、紅辣椒 1 支、青蒜 1 支

調味料

沙茶醬 2 大匙、醬油 1 大匙、糖 1 茶匙、水 2 大匙

◎做法

1. 豬肉切成丁，抓拌少許醬油、水及太白粉。
2. 茭白筍、香菇、魚丸等材料均切成丁。
3. 乾鍋中先將櫻花蝦慢慢炒出香氣、盛出。
4. 起油鍋用 2 大匙油先炒肉丁，炒至肉熟。
5. 放下香菇丁炒香，再加入豆腐乾丁拌炒，再陸續放入茭白筍，洋菇，魚丸炒勻。
6. 加入調勻的調味料，並沿鍋邊加入約 1/2 杯的水，稍煮一下，以使材料味道融合。撒下紅辣椒及青蒜粒再炒均勻，最後撒下櫻花蝦拌一下。

紅咖哩燒鮭魚

微辣的紅咖哩，提味又醒胃。

◎材料

鮭魚 1 片、鳳梨 1 罐或新鮮鳳梨 1/4 個、杏鮑菇 3 支、美白菇 1 包、紅辣椒 1 條、檸檬葉 4~5 片、椰奶 1/2 杯、九層塔 10 片

調味料

紅咖哩 2 大匙、魚露 1½ 大匙、糖 2 茶匙、水 2 杯

◎做法

1. 鮭魚切成塊，用約 1 大匙的油煎香且定型，取出。
2. 鳳梨切塊；杏鮑菇撕成條；美白菇去蒂頭，分成小朵。
3. 用鍋中剩餘的油炒香紅咖哩，加入椰奶和水約 1 杯，同時放入撕成小片一點的檸檬葉、辣椒和切塊的鳳梨，煮滾後加入魚露和糖調味。
4. 放下鮭魚及菇類，蓋上鍋蓋，小火煮3~4分鐘、放下九層塔、即可上桌。

泰式咖哩蝦

肥嫩的蝦肉，鮮辣刺激味蕾的口感，讓人欲罷不能。

◎材料

草蝦或大型白沙蝦 10 隻、芹菜 2 支（切段）、洋蔥 1/4 顆（切絲）、大紅辣椒半條（切片）、韭菜 2 支（切段）、奶油 1 大匙、蛋 3 顆

調味料

泰式蠔油 1 大匙、魚露 1 大匙、糖 1 茶匙、咖哩粉 1 茶匙、高湯或水 1/2 杯、鮮奶 3 大匙、椰漿 1/2 罐、紅油 1 茶匙

◎做法

1. 蝦子修剪掉頭鬚 ，抽除腸沙，剖開背部。
2. 芹菜和韭菜分別切成約 4~5 公分的長段；洋蔥切絲；紅辣椒切片。
3. 紅油和蛋一起打均勻，備用。
4. 炒鍋中熱油，放下蝦子煎至八分熟，盛出，再用少許的油將芹菜、洋蔥絲、大紅辣椒片、韭菜段和奶油、以小火爆香。
5. 加入蠔油、魚露、糖、咖哩粉炒香，加入椰漿、鮮奶和高湯，再放入蝦子，小火輕輕拌炒，煮約 1 分鐘，沿鍋邊加入拌勻的蛋汁，將蛋汁推動，炒至蛋汁凝固即可關火。

馬頭魚燒豆腐

魚肉Q彈，豆腐軟嫩，
入口即化。

◎材料

馬頭魚1條、蔥3支、薑絲2大匙、大蒜3粒、豆腐1塊、麵粉2大匙

調味料

酒2大匙、醬油2大匙、糖2茶匙、醋1/2大匙、水1½杯

◎做法

1. 魚打理乾淨，擦乾水分，在魚身上拍上少許麵粉。
2. 鍋燒熱後放下3大匙油再燒熱，將魚放入鍋中，以中火煎黃表面，翻面再煎時，加入蔥段、薑絲和蒜片一起煎香。
3. 蔥段夠焦黃時，淋下調味料和豆腐，煮滾後改中火煮約10~15分鐘，煮至湯汁約剩半杯時即可關火。

鮮蝦燒粉條

粉條吸滿鮮甜的蝦湯，
軟 Q 口感，很好吃喔！

◎材料

新鮮蝦子 300 公克、寬粉條 2 把、蔥 6 支、薑 6 片、大蒜 3 粒

調味料

酒 1 大匙、醬油 1 茶匙、蠔油 1 大匙、糖 1/2 茶匙、鹽 1/4 茶匙、胡椒粉 1/4 茶匙

◎做法

1. 蝦洗淨、抽沙、修剪好。寬粉條用 8 分熱的水泡 10 分鐘，瀝乾水分，略剪短；蔥切成 5~6 公分長段；大蒜剁碎。
2. 鑄鐵鍋中先加水 1½ 杯，煮滾時放入寬粉條。
3. 另熱鍋子，起油鍋爆香蔥段和薑片，待焦黃有香氣時，再放下大蒜末炒香，放入蝦子大火爆炒數下，蝦子炒香之後加入調味料，再倒入鍋內的粉絲上。
4. 蓋鍋蓋煮 1 分鐘即可上桌。

海鮮粉絲煲

夾一口粉絲和滿滿的海鮮配料，入口飽足又幸福。

◎材料

蝦12隻、鮮貝8粒、鮮魷1條、蟹腿肉1/2盒、粉絲2把、蔥2支、薑6片、青豆2大匙

醃料

鹽1/4茶匙、太白粉1茶匙、酒少許

調味料

蠔油1大匙、鹽適量、清湯或水2杯

◎做法

1. 蝦剝殼洗淨，和鮮貝、蟹腿肉分別用醃料拌勻，醃10分鐘。投入滾水中，關火、浸泡片刻即撈出。鮮魷從內部切交叉刀口後，分切成小塊。
2. 粉絲泡軟，放入鑄鐵鍋中。
3. 起油鍋爆香蔥段和薑片，放下蠔油及清湯煮滾，將湯倒入粉絲中，和粉絲拌勻。煮一滾。
4. 放下海鮮料和青豆，再蓋上鍋蓋，煮1分鐘即可關火。

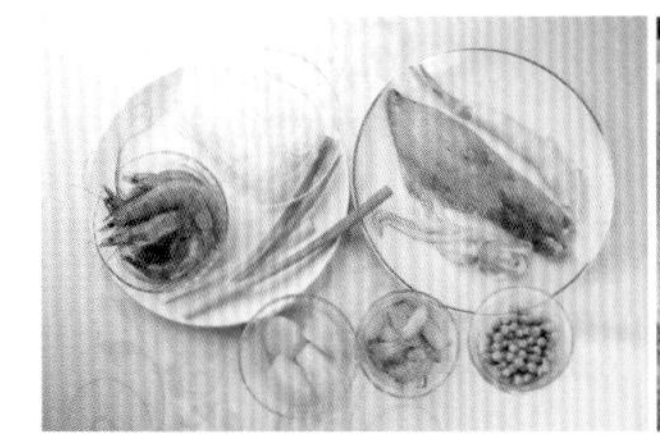
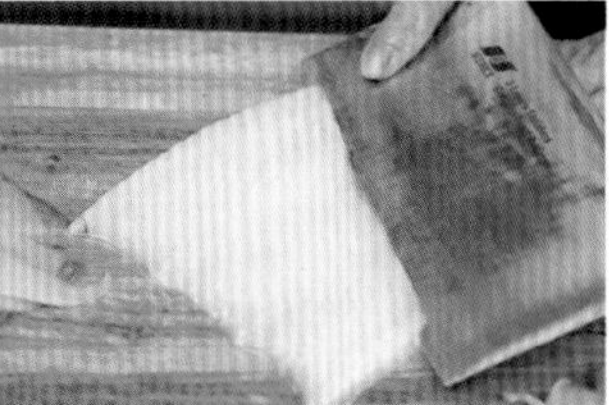

三杯小卷

三杯小卷的美味關鍵，就是香濃乾爽又帶鮮潤的口感。

◎材料

新鮮魷魚 2 條、大蒜 10 粒、老薑片 10~12 片、紅辣椒 1~2 支、九層塔 3~4 支

調味料

黑麻油 1/4 杯、米酒 1/4 杯、醬油膏 2 大匙、糖 1/2 茶匙

◎做法

1. 新鮮魷魚切成圈，水滾後改小火、放入鮮魷泡 10 秒鐘，撈出；大蒜切厚片。
2. 鍋燒熱，放入麻油，加熱至 5 分熱時，放入薑片，以小火慢慢煸炒至香氣透出。
3. 炒至薑片水分減少時，放入大蒜一起炒炸，至大蒜變黃時，放入鮮魷，改成大火翻炒。
4. 加入其餘調味料大火拌炒。
5. 放入切斜片的紅辣椒和九層塔葉，拌一下即可。

金沙鮮蔬紙蒸鱈魚

色香味俱全，
適合宴客用

◎材料

鱈魚 1 片、秋葵 5 支、鴻喜菇 1/2 包、熟鹹鴨蛋黃 2 個、蔥 1 支、薑 3 片、蒜末 1 茶匙、紅辣椒末 1 茶匙、烘焙用紙 1 大張

調味料

蠔油 1 茶匙、醬油 1 茶匙、米酒 1 大匙，糖、白胡椒粉各少許

◎做法

1. 鹹蛋黃切成小粒；秋葵切小片；蔥切成蔥末。
2. 準備烘焙紙一大張，長度約為鱈魚的 3 倍大，放上薑片、再把鱈魚和鴻喜菇放在薑片上，扭緊烘焙紙的一端。
3. 將醬油、蠔油和米酒加入鱈魚中、再將烘焙紙都扭緊、放入空的鑄鐵鍋中，蓋上鍋蓋，開火，以中小火煮 5 分鐘，至烘焙紙膨脹起來，取出，放在餐盤上。
4. 鍋中放入 2 大匙油，加入蒜末和紅椒、秋葵炒香，再加入鹹鴨蛋黃丁炒至起泡，加少許糖和胡椒粉調味，最後撒下蔥末。
5. 將炒好的金沙淋在鱈魚上即可。

蘑菇雙鮮

洋菇味道清鮮，和海鮮搭配十分適合，充分顯現海鮮鮮度。

◎材料

鱈魚或白色魚肉 150 公克、蛤蜊 20 粒、洋菇 10 朵、嫩豆腐 1/2 盒、蔥段、薑片

調味料

酒 1 大匙、鹽 1 茶匙、胡椒粉少許

◎做法

1. 鱈魚去皮、去骨、切成塊。
2. 蛤蜊放入 2 杯冷水中、煮至開口，待涼後，剝出蛤蜊肉。
3. 洋菇快速沖洗一下，切丁、小粒的不切。
4. 用少許油煎香蔥段和薑片，淋下酒和煮蛤蜊湯，再加水 2 杯、放下豆腐和洋菇一起煮滾，煮 1~2 分鐘後放下魚塊，再煮滾半分鐘後調味、勾上一點點薄芡，最後放下蛤蜊肉即可。

或紅、或綠、或白的蔬菜，巧妙的搭配各種食材，
營養素獲得均衡又吃得健康。

Chapter5
蔬菜類

五花肉滷桂竹筍

桂竹筍富含纖維及B群，好吃又營養。

◎材料

水煮桂竹筍 400 公克、五花肉 120 公克、福菜 80 公克、大蒜 3 粒、紅辣椒 1 支

調味料

醬油 2 大匙、糖 1/2 茶匙、鹽 1/4 茶匙、水 1½ 杯

◎做法

1. 桂竹筍切去較老的底部，用刀面整支拍鬆一下。先撕成粗條狀，再橫切成 5 公分長度，用滾水燙煮 20 秒鐘，撈出、瀝乾水分。
2. 五花肉切粗絲；福菜泡一下水，切短；大蒜拍裂；紅辣椒斜切段。
3. 起油鍋，用 2 大匙油炒香五花肉和大蒜，放下福菜再炒透，即落下桂竹筍段和紅辣椒，再拌炒一下。
4. 淋下醬油、鹽、糖及水，燒煮 20 分鐘左右。關火即可盛出。放涼後更入味好吃。

味噌松阪豬炒時蔬

體驗松阪豬Q
彈香甜口感。

◎材料

松阪豬肉 1/2 片、黃、綠櫛瓜各一條、鴻喜菇 1 包、美白菇 1 包、紅甜椒 1 個

調味料

白味噌 2 大匙、芝麻醬 1 大匙、大蒜末 1 大匙、清酒 2 大匙、味醂 1 大匙、醬油 1/2 大匙

◎做法

1. 先將調味料混合好，取一半量來醃切成條的松阪豬肉，約醃 1 小時。
2. 黃、綠櫛瓜切成滾刀塊；紅甜椒去籽，切塊；鴻喜菇、美白菇切去底部，剝成小朵。
3. 用 1 大匙油煎熟松阪豬肉片，盛出，以刀切成小片一點。
4. 用鍋中餘油先炒櫛瓜，再放下紅甜椒和兩種菇類，加入剩餘一半的味噌醬，加約 1/2 杯的水，蓋上鍋蓋，燜煮 1 分鐘。
5. 將松阪豬肉片和時蔬混合即可。

蛋餃竹笙煨白菜

白菜煨煮滋味濃郁，
巧搭食材一鍋好澎派。

◎材料

絞肉 150 公克、蔥 1 支、蛋 5 個、大白菜 1 棵、竹笙 10 條

調味料

（1）酒 1 茶匙、醬油 1 茶匙、鹽 1/4 茶匙、水 1 大匙、太白粉 1 茶匙

（2）鹽 1/2 茶匙、太白粉 1 茶匙加水 1 大匙先調勻

（3）醬油 2 大匙、鹽 1/2 茶匙、清湯或水 1 杯

◎做法

1. 蔥切成屑後再與絞肉一起剁過，放入大碗中，加調味料（1）仔細拌勻。蛋加鹽打散，過篩一次，再加入調了水的太白粉、調勻備用。
2. 鍋子燒熱，改成小火。在鍋子中間塗上少許油，放入 1 大匙的蛋汁，並使蛋汁成為橢圓形之薄餅狀。
3. 當蛋液有 5 分熟時，在蛋皮中央放入 1/2 大匙的肉餡，並將蛋皮覆蓋過來，稍微壓住，使蛋皮周圍密合，略煎 10 秒鐘，翻面再煎 5 秒鐘便可盛出，即是蛋餃。
4. 白菜切好；竹笙泡軟，多換幾次水，待竹笙顏色變白一些、擠乾水分、切成段，再用熱水燙一下。
5. 在鍋中用 2 大匙油炒軟大白菜，放下調味料（3），將竹笙排在上面，再將蛋餃放在上面，以小火煮 5~7 分鐘，至白菜變軟即可。

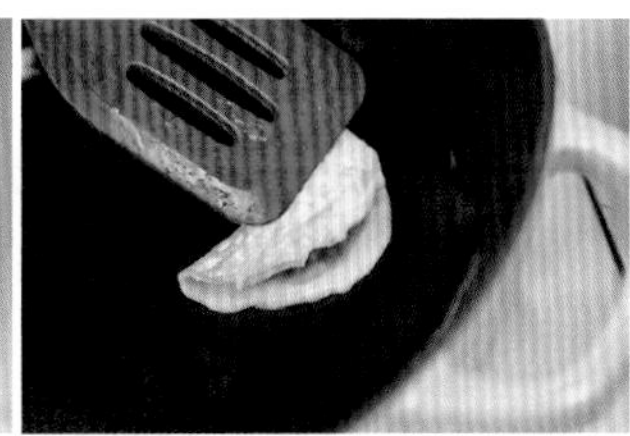

Tips　蛋餃可以一次多做一些，用小火蒸 7~8 分鐘，放涼後冷凍保存，可以隨時取用。

海鮮燴雙椰

白綠花椰營養滿分，和海鮮任意搭配，更顯可口賣相好。

◎材料

白花椰菜 1/2 棵、綠花椰菜 1/2 棵、蝦子 8 隻、蟹腿肉 1/2 杯

調味料

咖哩粉 1 大匙、麵粉 1 大匙、椰漿 1/2 罐、糖 1/4 茶匙、鹽 1/2 茶匙、奶油少許

◎做法

1. 白、綠花椰菜分別摘好；蝦子切兩段；蟹腿解凍後和蝦仁一起抓拌一些鹽和太白粉，醃 10 分鐘。
2. 鍋中煮滾水 4 杯，放下鹽和花椰菜燙煮 2 分鐘，撈出、瀝乾水分、盛盤。水中再把海鮮料燙一下、即撈出。
3. 鍋中放油炒一下麵粉和咖哩粉，加水及椰漿調成稀糊狀，加鹽、糖及奶油調味，放下海鮮一拌合，淋在花椰菜上。

豌豆米燴魚丁

鮮嫩豌豆，滋味清新，
散發春天氣息。

◎材料

白色魚肉 150 公克、甜豌豆仁 300 公克、筍子 1 支、竹笙 3 條、蔥 1 支、薑 2 片

調味料

（1）鹽、胡椒粉、太白粉各少許、水 2 大匙

（2）酒 1 茶匙、鹽 1/3 茶匙、白胡椒粉少許、清湯 1 杯、太白粉水適量、麻油少許

◎做法

1. 魚肉切成丁，用調味料（1）拌勻，醃約 10 分鐘。
2. 買現成剝好的甜豌豆仁，或由甜豌豆莢中剝出豆仁洗淨，豆莢留用。竹笙泡軟，沖洗數次後也切成丁；筍煮熟，去殼，切成小片。
3. 煮滾水 4 杯，放下豌豆仁和竹笙汆燙 40~50 秒，撈出，再放入魚丁燙 5~6 秒鐘即撈出。
4. 起油鍋用 1 大匙油爆香蔥蔥段及薑片，淋下酒和清湯，加入鹽、胡椒粉調味，煮滾後撈出蔥薑，放入所有材料燴煮一滾，勾芡後滴下麻油拌勻即可上桌。

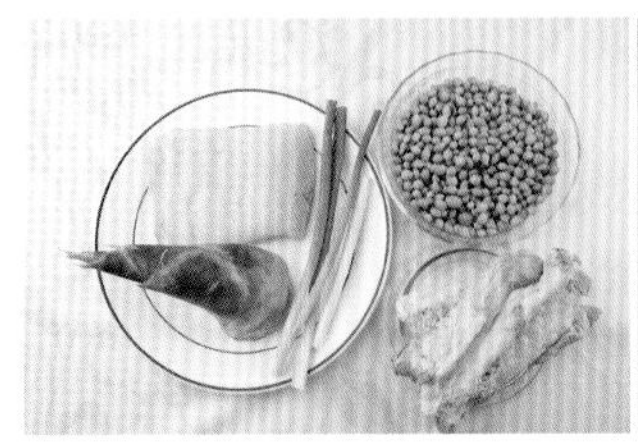

Tips　豌豆莢切絲，用熱水燙 40~50 秒鐘，撈出、沖涼、瀝乾，拌上少許魚露及麻油即可做為小菜。如果是自己買甜豌豆莢來剝豆仁，則須買 3 斤豌豆莢才能剝出 300 公克豆仁。

三鮮白菜

白菜諧音「百財」，寓意財源廣進，搭配三鮮，入口飽足也富足。

◎材料

大白菜 600 公克、香菇 3~4 朵、蝦米 1 大匙、油麵筋 1 杯、胡蘿蔔半小支、蔥 1 支、香菜 1~2 支

調味料

淡色醬油 1 大匙、鹽適量、太白粉水適量、麻油數滴

◎做法

1. 白菜梗切寬條，葉子切大一點，洗淨、瀝乾。
2. 香菇和蝦米分別用冷水泡軟，香菇切絲；油麵筋用溫水泡軟，把水倒掉、略擠乾；胡蘿蔔切片。
3. 鍋中加熱 2 大匙油，炒香香菇、蔥段和蝦米，淋下醬油烹香，加入白菜炒至軟，倒入泡香菇的水和胡蘿蔔，煮約 10 分鐘。
4. 加入油麵筋炒勻，酌量加鹽調味，再煮至白菜已夠軟，淋下少許太白粉水勾薄芡，關火後，滴下麻油、撒下香菜段，拌勻即可。

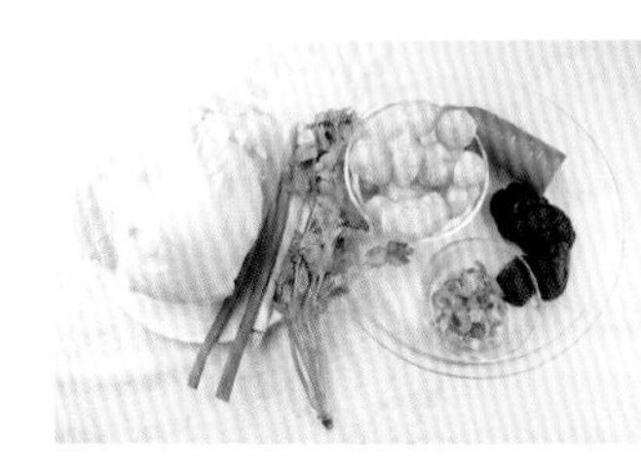

鱈魚豆腐燴鮮蔬

鱈魚、豆腐和蔬菜，
吃出健康和美味。

◎材料

鱈魚 1 片、嫩豆腐 1 盒、櫛瓜 1 支、鮮香菇 3 朵、美白菇 1 包、鴻喜菇 1 包、玉米筍 8 支、枸杞子 2 大匙

調味料

蠔油 1 大匙、鹽、糖適量調味、胡椒粉少許、太白粉水適量、麻油數滴

◎做法

1. 鱈魚去骨、去皮，切成略大的丁塊，抓少許鹽和太白粉拌醃一下。
2. 豆腐、櫛瓜、玉米筍、鮮香菇分別切好；美白菇和鴻喜菇去根、分成小朵；枸杞子用水沖一下。
3. 將蔥花爆香後加入櫛瓜，玉米筍和鮮香菇炒一下，加入水 1 杯和蠔油及鹽、糖和胡椒粉調味。
4. 放入豆腐及鱈魚，最後再加入兩種菇類，一滾即勾芡，滴下麻油，撒下枸杞子。

三鮮煮干絲

干絲吸收三鮮鮮味，鮮度美味百分百。

◎材料

干絲 300 公克、蝦仁 10 隻、肉絲 80 公克、香菇 3~4 朵、蔥 1 支

調味料

（1）醃蝦用：鹽少許、太白粉少許

（2）醃肉用：醬油 1 茶匙、太白粉 1 茶匙、水 1/2 大匙

（3）醬油 1 大匙、鹽適量

◎做法

1. 蝦仁和肉絲分別醃好；香菇泡軟、切成絲。
2. 干絲沖洗一下，瀝乾；蔥切段。
3. 用 3 大匙油先炒熟蝦仁，盛出。放入蔥段和香菇爆炒至香氣透出，淋下醬油烹香，加入水 2 杯，用鹽調味，加入干絲煮 5~10 分鐘。
4. 開大火，放入肉絲，煮至肉絲變色，放回蝦仁拌合即可。

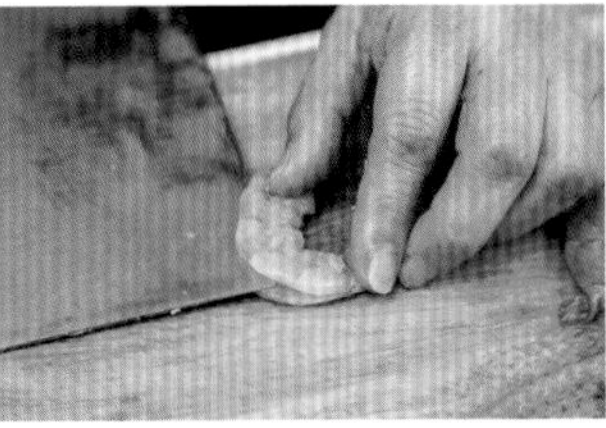

山藥鮮蔬煲

山藥鮮蔬煲五色俱全，符合食療之全方位增進健康。

◎材料

火鍋梅花肉片 150 公克、蝦子 8 隻、新鮮香菇 3 朵、美白菇 1 包、鴻喜菇 1 包、山藥 300 公克、綠花椰菜 1/2 棵、洋蔥 1/3 個、大蒜 2 粒

調味料

咖哩粉 1 大匙、鹽 1/2 茶匙、糖 1/2 茶匙、水 2~3 杯、咖哩塊 1~2 塊

◎做法

1. 梅花肉片用少許醬油和太白粉抓拌一下，放置 10 分鐘；蝦子抽去沙腸。
2. 鴻喜菇、香菇和美白菇分別處理好；山藥削皮、切成長條塊；綠花椰菜分成小朵；洋蔥切條；大蒜切片。
3. 鑄鐵鍋中用油炒香洋蔥和大蒜，改小火，放下咖哩粉炒香，加入清湯後用鹽和糖調味，放入山藥煮 5 分鐘。
4. 分別放入蝦子、肉片、三種菇類和綠花椰菜，煮滾後再以小火煮 2 分鐘，加入切碎的咖哩塊，使湯汁略為濃稠即可。

Tips　沒有咖哩塊收濃湯汁的話，也可以用太白粉水勾芡。

蛤蜊蒸絲瓜

利用蒸煮方式保留絲瓜與蛤蜊的原汁原味，清爽鮮甜無油脂。

◎材料

澎湖長絲瓜 1 條、蛤蜊 15 顆、薑絲 1 大匙

調味料

米酒 1 大匙、鹽少許

◎做法

1. 絲瓜輕輕刮去外皮後，切成長條；蛤蜊吐沙、洗淨。
2. 用一個圓形水盤，放入絲瓜和蛤蜊，撒上薑絲，再淋下米酒和鹽少許，再加入 2 大匙的水。
3. 放入加了 2 杯水的鑄鐵鍋中，放上一個蒸架，蓋上鍋蓋，以大火蒸至冒氣，再以中火蒸 7~8 分鐘，見蛤蜊已開口，絲瓜變軟即可取出。

雙味釀香菇

把雞、豬肉餡釀在香菇上，
一次品嘗雙味。

◎材料

白沙蝦200公克、絞肉200公克、香菇12朵、荸薺10粒、芹菜末2大匙、蝦米1大匙、蔥花1大匙、青豆2大匙、太白粉1大匙、蔥1支

拌蝦料

蛋白1大匙、蔥薑水2大匙、鹽1/4茶匙、麻油1/2茶匙、太白粉1大匙

拌肉料

醬油2茶匙、水2大匙、太白粉1茶匙、麻油數滴

調味料

清湯或水2杯、蠔油1/2大匙、太白粉水1茶匙、麻油少許

◎做法

1. 蝦仁洗淨、擦乾，用刀面拍碎成泥狀，再略為剁一下，放在大碗中，加入荸薺末和芹菜末及拌蝦料，仔細拌勻。
2. 絞肉再剁一下，加入剁碎的蝦米丁、荸薺末及蔥花，加入拌肉料，攪拌均勻。
3. 香菇泡軟，用蔥、醬油、糖、油和水1杯，蒸15分鐘，取出放涼。
4. 將香菇擠乾水分後在內部撒上太白粉，將蝦泥約1大匙放在上面，用水將蝦泥表面抹光滑，做好6個。同樣方法將肉餡釀在另外6個香菇上。
5. 鍋中煮滾2杯水，先放下釀上肉餡的香菇，煮2分鐘後，放下釀蝦餡料的香菇。
6. 蓋上鍋蓋，以中火煮約3~4分鐘，加入蠔油調勻，再放下熟青豆，滴下麻油、略勾芡即可。

合菜戴帽

「合菜戴帽」是北京有名的佳餚，又稱「金銀滿堂」。

◎材料

豬肉絲 150 公克、韭黃或韭菜 80 公克、菠菜（或青江菜）300 公克、煮熟筍子 1 支、乾木耳 1 大匙、粉絲 1~2 把、雞蛋 2 個

調味料

（1）醬油 1 茶匙、太白粉 1/2 茶匙、水 1 大匙

（2）醬油 1½ 大匙、鹽 1/2 茶匙、麻油 1/2 茶匙

◎做法

1. 將肉絲用調味料（1）拌勻，醃約 15 分鐘。
2. 粉絲用溫水泡軟後切短；韭菜切段；菠菜切段；木耳泡軟、撕成小片；筍子切絲。
3. 用 2 大匙油把打散的蛋汁煎成一張蛋皮，盛出。
4. 燒熱 2 大匙油把肉絲炒熟，再放下筍子和木耳炒勻，放下粉絲，加入醬油、鹽和水 1 杯，把粉絲煮至軟。
5. 加入菠菜和韭菜，炒至軟時、滴下麻油、蓋上蛋餅皮即可。

Tips　合菜戴帽是北方菜，通常是和春捲皮、單餅或煎好的蛋餅皮，再加上蔥段和甜麵醬上桌包食。

一隻色彩鮮艷的鑄鐵鍋，用快樂的心情，
下廚做道好吃料理，讓天天都美好。

Chapter6 主食類

海鮮米粉

豐富食材、濃郁湯汁，呈現簡單好滋味。

◎材料

新鮮魷魚 1 條、蝦仁 12 隻、蛤蜊 15 粒、乾米粉或新鮮米粉 200 公克、蝦皮 2 大匙、柴魚片 1 小包、排骨清湯 6 杯、紅蔥酥 1 大匙、芹菜末 1 大匙、香菜末、蔥花隨意

調味料

鹽 1 茶匙、白胡椒粉 1/4 茶匙

◎做法

1. 新鮮魷魚打理乾淨後切成圈；蝦仁抓拌少許鹽和太白粉；蛤蜊吐沙、洗淨。
2. 將蝦皮和柴魚放入一個棉布袋中，再放入排骨清湯中，煮 3~5 分鐘、撈棄。
3. 米粉用水沖洗一下，略剪短一些，放入湯中煮 2 分鐘，加入蛤蜊煮至開口，放下蝦仁和鮮魷圈，再煮 1 分鐘。
4. 加鹽和白胡椒粉調味、最後撒下紅蔥酥、芹菜末、香菜末和蔥花、略拌即可。

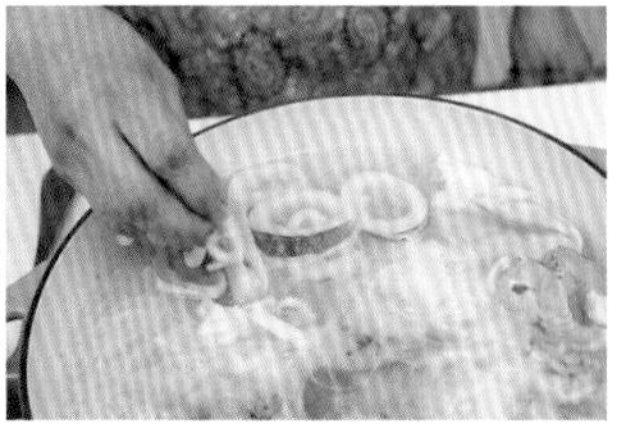

雞肉米粉湯

令人垂涎欲滴的雞肉米粉湯，
做法超乎想像的簡單。

◎材料

仿土雞腿 1 支、小油豆腐 5 塊、小貢丸 4 粒、花枝丸 5 粒或魚丸 10 粒、白蘿蔔 200 公克、乾米粉 100 公克、蔥 1 支、薑 2 片、紅蔥酥 2 大匙

調味料

酒 1 大匙、鹽 1 茶匙、白胡椒粉 1/4 茶匙

◎做法

1. 仿土雞腿用熱水燙一下，再放入 4 杯滾水中，加蔥、薑和酒煮滾，改小火燉煮 1 小時，關火燜 10 分鐘。

2. 雞腿取出、放涼，雞肉撕成條。

3. 米粉以冷水泡至軟；白蘿蔔削皮、切成粗條；花枝丸切成兩半（魚丸不切）。

4. 將白蘿蔔、油豆腐、貢丸和花枝丸放入雞湯中，再煮 8 分鐘後放入米粉和紅蔥酥，將米粉煮至夠軟，放回雞肉，加鹽和白胡椒粉調味。

Tips　煮雞腿時，可以加 2~3 塊雞骨架同時熬煮，可使湯更美味。

木樨肉炒餅

炒餅口感濕潤，加入多種青菜，口感絕佳。

◎材料

肉絲 150 公克、水發木耳 1 杯、蛋 2 個、菠菜 100 公克、筍 1 支、蔥花 1 大匙、蔥油餅 1 張

調味料

（1）醬油 1/2 大匙、太白粉 1/2 大匙、水 1 大匙

（2）醬油 1 大匙、鹽 1/4 茶匙、清湯 2/3 杯

◎做法

1. 肉絲用調味料（1）拌勻，醃上 10 分鐘左右。
2. 菠菜切成一寸長段；筍煮熟後切絲；蛋加 1/4 茶匙鹽打散後，先用油炒成碎碎的蛋片。
3. 蔥油餅切成寬條。
4. 將 2 大匙油燒至七分熱，落肉絲下鍋，待變色即盛出。
5. 餘油中先將蔥花放入爆香，再加入筍絲、木耳絲及菠菜炒熟，再放下餅，並加醬油和鹽調味，再加入清湯，拌勻、燜 20 秒鐘，大火鏟拌均勻，再加入已炒熟之肉絲及蛋，拌炒均勻即可。

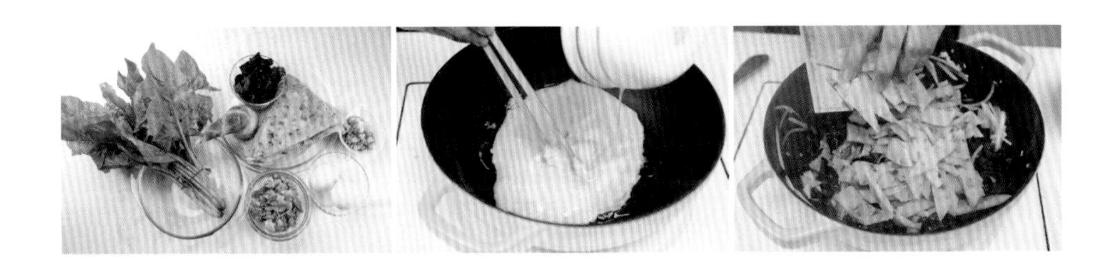

Tips　清湯的量可依個人喜愛餅的軟硬度而增減。

沙茶雞肉炒麵

沙茶醬調味，鹹味足、氣味香，適宜佐餐。

◎材料

雞腿 2 支、香菇 5 朵、綠花椰菜 1 棵、洋蔥 1/2 個、大蒜 2~3 粒、油麵 600 公克

調味料

（1）醬油 1 大匙、水 2 大匙、太白粉 1 茶匙

（2）沙茶醬 3 大匙、醬油 1 大匙、酒 1/2 大匙、鹽 1/2 茶匙、糖 1/2 茶匙、清湯 1 杯

◎做法

1. 雞腿去骨後在肉面上輕輕斬剁數刀，再切成塊，用調味料（1）拌勻，醃 20 分鐘。
2. 香菇泡軟、切成片；綠花椰菜摘成小朵，用熱水汆燙一下，撈出、沖涼。
3. 鍋中熱 2 大匙油把雞肉炒至 8 分熟，盛出。
4. 再將蔥段、大蒜片和香菇片放入鍋中炒香，改小火，先放下沙茶醬，再加入其他的調味料（2）炒勻，放下油麵，拌拌均勻，再加入花椰菜和雞肉拌勻。
5. 蓋上鍋蓋、燜煮 1 分鐘即可盛出。

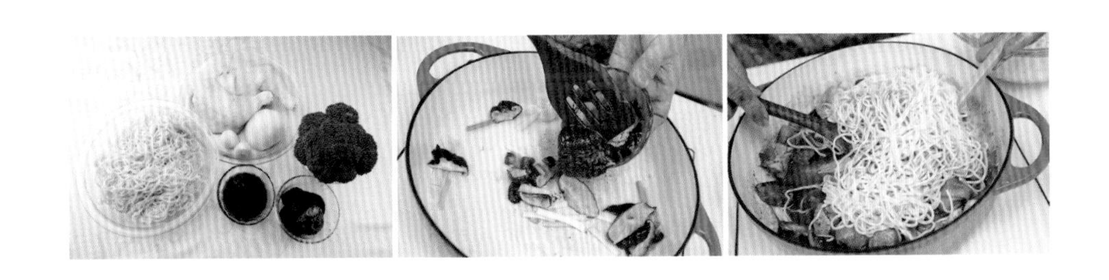

臘味飯

用密合度高的鑄鐵鍋做臘味飯，掀蓋時獨特的煲香撲鼻而來，是經典粵菜。

◎材料

廣東臘腸 1 支、廣東肝腸 2 支、長米 2 杯、水 2 ½ 杯、青江菜 4 支

調味料

紹興酒 1 大匙、蠔油 1 大匙、糖 2 茶匙

◎做法

1. 臘腸及肝腸洗淨，先切成兩半，放在深盤中，加紹興酒泡半小時，泡時要翻動兩三次。
2. 將肝腸及臘腸放入鍋中蒸 20 分鐘至熟，取出，切上刀口。湯汁留用。
3. 米洗淨後放鑄鐵鍋中，加 2 杯半的水，大火煮滾，煮約 6 分鐘，待水半乾時擺上肝腸及臘腸，改成中火，蓋上鍋蓋，再煮約 4 分鐘，關火，取出臘腸及肝腸。
4. 蓋好鍋蓋，將飯再燜 15 分鐘。待臘腸略涼，切成片，再放回飯上。
5. 將蒸肝腸的汁調上蠔油及糖，淋在飯上，再放上炒過的碎青江菜，趁熱食用。

Tips　喜歡飯軟一點，可以用中火煮 2 分鐘即可，讓水分留多一點給米吸收；煮的時間長，水分蒸發多則飯鬆硬些。

高麗菜飯

使用高麗菜的鮮甜來做菜飯，喜歡甚麼食材都一起蒸煮，簡單調味，就能體驗新鮮美味。

◎材料

白米 2 杯、高麗菜 1/6 顆、杏鮑菇 2 支、香菇 3 朵、蝦米 1 大匙、胡蘿蔔丁 2 大匙、去骨雞腿肉 1 支、蔥花 1 大匙、大蒜片 1 大匙、紅蔥酥 1 大匙、高湯適量

調味料

鹽 2/3 茶匙、白胡椒粉 1/4 茶匙

◎做法

1. 白米洗淨、泡水 20 分鐘、瀝乾水分。
2. 高麗菜、杏鮑菇和泡軟的香菇分別切小丁；雞肉切小塊，用少許醬油和酒拌勻、醃一下；蝦米泡少許米酒備用。
3. 鍋中加熱 2 大匙油、放入蔥花及大蒜炒一下，再加入雞肉、香菇和蝦米炒香，再加入白米拌炒。
4. 再繼續加入杏鮑菇、胡蘿蔔、高麗菜及鹽和胡椒粉炒勻，撒上紅蔥酥，加入高湯約至白米的 8 分滿，蓋上鍋蓋，煮滾後改成中火燜煮、約八分鐘至水分收乾且飯已熟，關火。
5. 拌勻便可食用。

Tips　如想要底層有鍋巴，可以再以中火煮 1~2 分鐘

洋菇燉飯

軟硬適中的米飯將材料的精華吸收其中，新鮮洋菇增加香氣，為餐桌增添滿足氣息。

◎材料

洋菇 450 公克、Arborio 義大利米 2 杯、洋蔥 1/2 個、奶油 5 大匙、白酒 1/2 杯、帕瑪桑起司（parmesan cheese）1/2 杯、雞高湯 2 ½ 杯

調味料

鹽

◎做法

1. 將一半量的洋菇切碎，或用食物調理機打成小顆粒；另外一半洋菇一切為四小塊。
2. 洋蔥切碎。
3. 鍋中將 2 大匙奶油融化，放入切塊的洋菇，小火慢慢炒至香氣透出，加鹽調味。
4. 另在鍋中融化 2 大匙奶油來炒洋蔥碎，以中火炒到洋蔥都軟化，加入洋菇碎，加鹽調味，炒至洋蔥及洋菇的水分收乾。
5. 加入米一起炒，炒到米呈現半透明，加入白酒再炒，炒至酒被米吸收，米已經有 5 分熟。
6. 把雞高湯分 4~5 次加入米中去炒，當雞湯被吸收完之後再加第二次雞湯去炒，全部倒完後，看看米粒是否已熟，如果沒有熟，可以再加少許熱水去炒。
7. 關火，蓋上鍋蓋燜 3~5 分鐘，最後拌入帕米桑起司、奶油和炒熟的洋菇，加鹽調味，可以點綴切碎的巴西里或羅勒。

西班牙海鮮飯

西班牙海鮮飯，華麗、豐盛又可口，是體驗西班牙風味的入門菜。

◎材料

沙蝦 6 隻、鮮魷 1 小條、蛤蜊或海瓜子 12 個、青豆 2 大匙、大蒜屑 2 茶匙、洋蔥末 1 大匙、蕃茄丁 1/2 杯、米 2 杯、高湯 2 杯

調味料

番紅花少許或蕃茄膏 1 大匙、月桂葉 1 片、白酒 3 大匙、鹽 1/2 茶匙、胡椒粉少許

◎做法

1. 蝦抽沙、略加修剪；鮮魷切成圓環狀；蛤蜊泡薄鹽水中吐沙，洗淨、煮至開口備用。
2. 蝦用少許油煎熟；番紅花泡水 5 分鐘。
3. 鑄鐵鍋中燒熱 2 大匙油，炒香大蒜屑、洋蔥末及蕃茄丁，放入洗好的米拌炒，炒至米粒略為透明，加入白酒和高湯（加入番紅花的水共 2 杯半）煮一滾，再加調味料拌勻，煮至湯滾，蓋好、改以小火煮約 10 分鐘。
4. 將三種海鮮料及青豆排在表面，蓋上鍋蓋再煮 2 分鐘，關火、燜約 5 分鐘。

（罐裝番紅花）

Tips　西班牙海鮮飯應該用 ARROZ BOMBA 西班牙米，但因進口不多，不容易買到，可以用義大利米來做。

香菇滑雞煲仔飯

香菇搭配滑嫩雞肉，
Q 彈米飯粒粒飽滿，
味道絕佳。

◎材料

仿雞腿 1 支、香菇 3 朵、白米 2 杯、蔥 1 支（切段）、薑 3~4 小片

醃料

醬油 1 大匙、糖 1/2 茶匙、胡椒粉適量、水 2 大匙、太白粉 1/2 大匙、

調味料

酒 1 大匙、醬油 1 大匙、蠔油 1 大匙、糖 1/2 大匙

◎做法

1. 雞腿去骨，切成約 2.5 公分大小；香菇泡軟、切塊，一起用蔥段、薑片和醃料拌勻，醃 30 分鐘。
2. 米洗淨，加 2½ 杯水。加入 1/4 茶匙鹽和 1 茶匙油，開大火煮至水滾，改成中火、再約煮 3 分鐘至飯將收水。
3. 放上醃好的雞肉和香菇，蓋好，再用小火燜煮至水收乾（約 10 分鐘），熄火再燜 10 分鐘。
4. 淋下調勻的調味料汁，食用時拌勻。

Tips

1. 廣東式的煲仔飯用鑄鐵鍋來煮也是非常適合的，火候很重要，不能一直用大火，以免水太快收乾就燒焦了，如要煮出鍋巴，最後再以大火煮 10 秒鐘即關火。
2. 煲仔飯上要舖上生料一起煮，使飯能直接吸收材料的湯汁，才能達到料嫩、飯香的雙贏效果。

XO醬炒飯

XO 醬多油、帶辣，香氣獨特，用來炒飯，別有難忘滋味。

◎材料

XO 醬 2 大匙、蛋 2 顆、西生菜 1/3 顆、白飯 2 碗

調味料

鹽適量，白胡椒粉 1/4 茶匙

◎做法

1. 蛋打散，將蛋汁拌入白飯中，拌均勻。
2. 鍋中放 2 大匙油，放入白飯不斷翻炒，炒至米飯顆粒分明，且有蛋香。
3. 再加入適量的 XO 醬拌炒，撒適量的鹽及白胡椒粉調味、炒匀。最後加入西生菜絲，再拌炒至均勻即可。

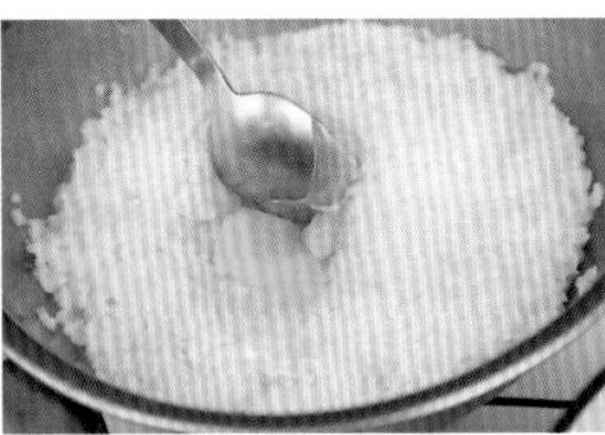
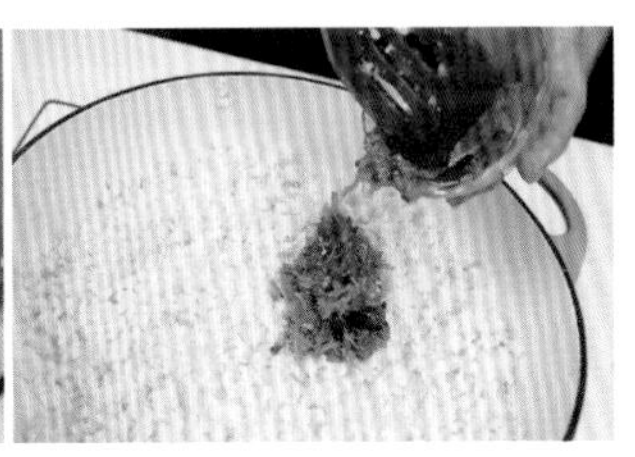

黃芽白炒年糕

大白菜又稱黃芽菜，加上肉絲、香菇、年糕同炒，味道獨特好吃。

◎材料

肉絲 100 公克、香菇 4 朵、大白菜 300 公克、筍 1 支、寧波年糕 300 公克、蔥 1 支、清湯 1½ 杯

醃肉料

醬油 1/2 茶匙、水 1 大匙、太白粉 2 茶匙

調味料

醬油 1/2 大匙、鹽 1/2 茶匙

◎做法

1. 肉絲拌上醃肉料，醃 10~20 分鐘；筍煮熟，去殼切成細絲；蔥切成蔥花。
2. 香菇泡軟、切絲；大白菜切粗絲。
3. 寧波白年糕切片備用，如用真空已經切成片的年糕，則要將黏在一起的分開來。
4. 肉絲先用 3 大匙油炒熟，盛出。再放入蔥花、香菇絲和筍絲炒至香，加入白菜絲、再炒至白菜回軟。
5. 加入清湯、醬油和鹽調味，把年糕片放入拌炒一下，蓋上鍋蓋，燜煮約 2 分鐘。
6. 打開鍋蓋，見年糕已軟化，放下肉絲，輕輕拌炒，使菜料和年糕炒均勻，見湯汁即將收乾、即可盛出裝盤。

韓式泡菜炒年糕

道地韓式料理，年糕口感Q彈，酸辣滋味令人滿足。

◎材料

白年糕 300 公克、韓國泡菜 1 杯、肉片少許、魚板 10 片、洋蔥 1/3 個、大蔥 1/2 支（或青蔥 2~3 支）、油 1 大匙

調味料

韓式辣椒粉 1 大匙、鹽適量

◎做法

1. 可買韓式條狀年糕、或用長片年糕，趁新鮮、軟的時候，可以直接切，若是變硬時，以溫水泡一下或用滾水燙一下，使它回軟。
2. 洋蔥切粗條；蔥切段。
3. 鍋中燒熱油，把泡菜擠乾水分、先在鍋中炒香，加入洋蔥、肉片、魚板和蔥略微炒一下。
4. 加入韓國辣椒粉和泡菜汁炒勻，加適量鹽和水，放入年糕，用中火燜一下，燜到年糕微軟即可關火、盛出。

鍋裡咕嚕咕嚕滾沸的聲音，襯著微微火光，
熱呼呼的湯綻放著微小的幸福。

Chapter 7

湯品類

香菇肉羹

用梅花肉與魚漿揉製的肉羹，是臺灣菜的代表菜色之一。

◎材料

梅花肉 200 公克、魚漿 300 公克、筍 1 小支、香菇 4 朵、胡蘿蔔絲 1/2 杯、柴魚片 1 小包、紅蔥酥、香菜少許、大蒜泥 1 茶匙

調味料

（1）醬油 1/2 大匙、糖少許、五香粉少許、大蒜泥 1 茶匙、太白粉 1 茶匙、水 1 大匙

（2）醬油 1 大匙、鹽 1 茶匙、太白粉水 3 大匙，白胡椒粉、麻油、烏醋各適量

◎做法

1. 梅花肉切細條或窄片狀，加入調味料（1）拌勻，醃 10 分鐘。
2. 用 2 大匙油炒香香菇絲，滴入醬油，加入水 6 杯、再加筍絲和胡蘿蔔絲同煮約 7~8 分鐘。加入柴魚片和紅蔥酥再煮一滾、改小火。
3. 梅花肉和魚漿充分混和攪拌，並用手將肉一條條的投入湯中，煮滾 2 分鐘後調味並用太白粉水勾芡，滴點麻油、白胡椒粉、烏醋和香菜。附醬油調勻的蒜泥一起上桌。

味噌鮭魚湯

用心熬煮，才能展現順口細緻的風味。

◎材料

新鮮鮭魚 1 段（約 300 公克）、鮭魚骨適量、嫩豆腐 1 塊、蔥粒 3 大匙

調味料

柴魚片 1 小包、味噌 3 大匙

◎做法

1. 鮭魚洗淨、切塊；豆腐也切塊。
2. 在湯鍋內燒滾 6 杯水，放下柴魚片後關火、浸泡 5 分鐘，撈棄柴魚片。
3. 鮭魚骨先煮 10 分鐘，再加入鮭魚塊，用小火煮約 5 分鐘。加入豆腐，續煮 3 分鐘。
4. 將味噌放在小篩網中，再把篩網浸入湯內，用湯匙磨壓味噌，使其溶解到湯內。
5. 嘗過鹹度，如不夠鹹可酌加少許鹽。再煮至沸滾即立刻熄火，撒下蔥粒。

Tips

1. 市場上如果可以買到鮭魚骨，可以買一些同煮，以增加魚湯的鮮味。
2. 味噌每種品牌鹹度不同，可酌量增減。

羅宋湯

有牛肉、馬鈴薯及豐富蔬菜的羅宋湯，
熱呼呼的來上一碗，營養與幸福滿分！

◎材料

省產牛肋條肉 600 公克、牛大骨 5~6 塊、高麗菜 500 公克、洋蔥半個、番茄 2 個、西芹 1~2 支、馬鈴薯 1 個、胡蘿蔔 1 小支

煮牛肉料

洋蔥半個、薑 2 片、月桂葉 2 片、八角 1 粒、酒 2 大匙

調味料

番茄糊 2 大匙、義大利綜合香料 1/2 大匙、鹽、胡椒粉各適量

◎做法

1. 牛肉和牛大骨一起用滾水燙煮 1 分鐘，撈出洗淨。
2. 湯鍋中煮滾8杯水，加入牛肉、牛骨和煮牛肉料煮約2小時。夾出牛肉，待稍涼後切成厚片，牛骨可再燉煮 1 小時，湯汁過濾。
3. 各種蔬菜料改刀切小，洋蔥切粗絲；番茄切塊；西芹切短條；胡蘿蔔和馬鈴薯切滾刀塊。
4. 另用 2 大匙油依序炒洋蔥、番茄和高麗菜，待蔬菜料已軟，加入番茄糊、義大利綜合香料和鹽、並加入牛肉湯、牛肉和西芹段、馬鈴薯、胡蘿蔔。
5. 煮至牛肉和蔬菜均夠軟，試一下味道，再加鹽和胡椒粉調味。

東北酸白菜火鍋

酸潤不嗆口，越煮越不酸、越喝越好喝！

◎材料

酸白菜 600 公克、五花肉片 150 公克、絞肉 300 公克、蛤蜊 10 個、金針菜 30 支、凍豆腐 1 塊、蝦米 2 大匙、水發木耳適量、寬粉條或粉絲 2 把、蔥花 2 大匙、香菜適量、豬高湯 4 杯

拌肉料

鹽 1/4 茶匙、水 2~3 大匙、醬油 1/2 大匙、麻油 1/2 大匙、蔥末 2 大匙、太白粉 1/2 大匙

調味料

醬油 1 大匙、鹽適量

◎做法

1. 酸白菜用水快速沖洗一下，擠乾，切成細絲。
2. 絞肉加入拌肉料攪勻，投入熱油中炸成丸子，炸熟、撈出。
3. 金針菜泡軟，摘去蒂頭；蝦米和粉絲分別泡軟，蝦米、木耳摘好備用；凍豆腐切厚片。
4. 砂鍋中加熱 3 大匙油，放入蔥花爆香，再放入酸菜絲略炒，加入醬油再炒一下，酸白菜上排入各種材料（蛤蜊和粉絲除外），注入豬高湯，如果湯不夠，再加入水、要蓋過材料，撒少許鹽，蓋上鍋蓋，大火煮滾後，改小火燉煮 10~15 分鐘。
5. 放下蛤蜊和粉絲，再煮 1~2 分鐘，嘗嘗看味道，再酌量加鹽調味，最後撒上香菜，便可上桌。

山藥牛肉羹

山藥搭配牛肉做成味道鮮美、營養的羹湯，口感也很豐富。

◎材料

嫩牛肉 150 公克、山藥 150 公克、洋菇 5 朵、番茄 1 個、青豆 2 大匙、蔥 1 支、薑 2 片、香菜少許、清湯 5 杯

拌肉料

醬油 2 茶匙、太白粉 1/2 大匙、水 2 大匙

調味料

酒 1 大匙、鹽 1½ 茶匙、太白粉水 2 大匙、麻油數滴、胡椒粉少許

◎做法

1. 牛肉切成指甲大小的薄片，醃肉料在碗中調勻後，放入牛肉拌勻，醃 20 分鐘。
2. 山藥削皮切成長片；洋菇切薄片；番茄去外皮後切成丁。
3. 蔥切大段；香菜洗淨，多用葉子部分，切成段。
4. 起油鍋用 2 大匙油煎黃蔥段和薑片，放入洋菇炒一下，淋下酒和清湯，湯煮滾後，夾出蔥段和薑片。
5. 放下番茄和山藥，再以小火煮 1~2 分鐘，加鹽調味。最後放下牛肉片及青豆，一滾立即勾芡，關火。
6. 大碗中放麻油和胡椒粉，倒下牛肉羹，放上香菜段即可上桌。

銀蘿蛤蜊鮮魚湯

蘿蔔的甜、海鮮的鮮，
煮出美妙好滋味。

◎材料

新鮮海吳郭魚1條、白蘿蔔450公克、蛤蜊300公克、蔥2支、薑2片、香菜少許

調味料

酒1大匙、水6杯、鹽、胡椒粉各適量

◎做法

1. 魚打理乾淨；白蘿蔔切絲；蔥切長段。
2. 用2大匙油煎香蔥段和薑片，再放入魚略煎一下，淋下酒和水6杯，煮滾後改小火煮15分鐘。
3. 加入蘿蔔絲，再煮至蘿蔔絲夠軟約10分鐘，加入蛤蜊煮至開口，加鹽和胡椒粉調味。關火後撒下香菜屑即可。

海鮮豆腐羹

滑嫩豆腐搭配海鮮，清爽不油膩，忍不住一口接一口。

◎材料

腿肉 1 盒、蚵 150 公克、蝦仁 10 隻、營養豆腐 1 盒、蔥 2 支、薑 3 片、蛋 2 個、青蒜絲少許、清湯 6 杯

蟹調味料

（1）鹽 1/4 茶匙、太白粉 1/2 大匙、酒 1 茶匙

（2）酒 1 大匙、醬油 1 大匙、鹽 1 茶匙、太白粉水 4 大匙、胡椒粉酌量

◎做法

1. 蟹肉解凍後一條條的分開，略沖一下；蝦仁一切兩半，擦乾水分，用調味料（1）拌勻，冷藏 30 分鐘。
2. 蚵抓洗，撿掉小蚵殼，瀝乾水分拌上少許番薯粉。臨要下鍋之前，用滾水小火泡煮 10 秒，取出泡冷水中。再將蟹腿肉和蝦仁汆燙一下，撈出。
3. 炒鍋中用 2 大匙油將蔥段及薑片煎黃，淋下酒爆香後，加入清湯煮滾。將切成 1/2 吋四方丁之營養豆腐加入，並用醬油、鹽和胡椒粉調味，再煮滾，取出蔥段和薑片。
4. 加入蟹腿肉等海鮮料，用調水之太白粉勾芡，淋下蛋汁，煮滾後撒下青蒜絲便可。

筍絲肉羹

滑溜的梅花肉條，搭配豐富羹料，每一口吃下都讓人滿足。

◎材料

筍子 3 支、大香菇 3 朵、梅花肉 200 公克、扁魚乾 3 片、蝦米 1 大匙、番薯粉 1/2 杯

調味料

（1）醬油 1/2 大匙、胡椒粉少許、麻油少許

（2）醬油 1 大匙、鹽適量、白胡椒粉少許、麻油數滴

◎做法

1. 香菇泡軟後切絲；梅花肉切粗條，拌上調味料（1），醃 10 分鐘、拌上番薯粉，捏緊。
2. 筍子對切兩半，放在 5 杯水中煮 20 分鐘至熟、取出待涼之後切成細絲，煮筍的湯汁留用。
3. 鍋中放 2 大匙油把扁魚乾煎至香黃酥脆，取出放涼，壓成細末。
4. 將蝦米放入油中繼續炒至香氣透出，再把香菇絲放下，淋 1 茶匙醬油炒香，放入筍絲再炒，加入少許鹽炒勻。
5. 取一個碗，底部先放入香菇絲，再填滿筍絲，壓緊，再倒扣在一個湯碗中。
6. 煮筍子的湯汁再煮滾，一條條的放入梅花肉片，煮至熟，加鹽和胡椒粉和扁魚碎調味，滴下麻油，略勾薄芡，輕輕盛入湯碗中，再取出裝筍絲的碗即可。

健康好生活

用鑄鐵鍋做出的美味

作　　者　程安琪、陳凝觀
編　　輯　呂增娣、翁瑞祐
攝　　影　楊志雄
美術設計　李佳靜

發 行 人　程安琪
總 策 畫　程顯灝
總 編 輯　呂增娣
主　　編　翁瑞祐、羅德禎
編　　輯　鄭婷尹、吳嘉芬
　　　　　林憶欣
美術主編　劉錦堂
美　　編　曹文甄
行銷總監　呂增慧
資深行銷　謝儀方
行銷企劃　李　昀

發 行 部　侯莉莉
財 務 部　許麗娟、陳美齡
印　　務　許丁財
出 版 者　橘子文化事業有限公司

總 代 理　三友圖書有限公司
地　　址　106 台北市安和路 2 段 213 號 4 樓
電　　話　(02) 2377-4155
傳　　真　(02) 2377-4355
E － mail　service@sanyau.com.tw
郵政劃撥　05844889 三友圖書有限公司

總 經 銷　大和書報圖書股份有限公司
地　　址　新北市新莊區五工五路 2 號
電　　話　(02) 8990-2588
傳　　真　(02) 2299-7900

製版印刷　卡樂彩色製版印刷股份有限公司

初　　版　2017 年 7 月
定　　價　新臺幣 420 元
ＩＳＢＮ　978-986-364-106-3(平裝)

國家圖書館出版品預行編目 (CIP) 資料

健康好生活！用鑄鐵鍋做出的美味 / 程安琪，陳凝觀著 . -- 初版 . -- 臺北市 : 橘子文化，2017.07
面；　公分
ISBN 978-986-364-106-3(平裝)
1. 食譜
427.1　　　106010388

廣　告　回　函
台北郵局登記證
台北廣字第2780號

地址：　　　縣/市　　　鄉/鎮/市/區　　　路/街

段　　巷　　弄　　號　　樓

SANYAU

三友圖書有限公司 收

SANYAU PUBLISHING CO., LTD.

106　台北市安和路2段213號4樓

購買《健康好生活！用鑄鐵鍋做出的美味》的讀者有福啦！只要詳細填寫背面問券，並寄回三友圖書，即有機會獲得「御守鍋」獨家贊助之好禮！

「御守鍋－蘋蘋安安蘋果鍋」
市價 3980 元（共乙名）

活動期限至 2017 年 9 月 8 日止
詳情請見回函內容
本回函影印無效

四塊玉文創╳橘子文化╳食為天文創╳旗林文化
http://www.ju-zi.com.tw
https://www.facebook.com/comehomelife

親愛的讀者：

感謝您購買《健康好生活！用鑄鐵鍋做出的美味》一書，為回饋您對本書的支持與愛護，只要填妥本回函，並於 2017 年 9 月 8 日前寄回本社（以郵戳為憑），即有機會參加抽獎活動，得到「御守鍋－蘋蘋安安蘋果鍋」（共乙名）。

姓名＿＿＿＿＿＿＿＿＿＿ 出生年月日＿＿＿＿＿＿＿＿＿＿

電話＿＿＿＿＿＿＿＿＿＿ E-mail ＿＿＿＿＿＿＿＿＿＿

通訊地址＿＿＿＿＿＿＿＿＿＿＿＿＿＿＿＿＿＿＿＿

臉書帳號＿＿＿＿＿＿＿＿＿＿ 部落格名稱＿＿＿＿＿＿＿＿＿＿

1 年齡
□ 18 歲以下 □ 19 歲～ 25 歲 □ 26 歲～ 35 歲 □ 36 歲～ 45 歲 □ 46 歲～ 55 歲
□ 56 歲～ 65 歲□ 66 歲～ 75 歲 □ 76 歲～ 85 歲 □ 86 歲以上

2 職業
□軍公教 □工 □商 □自由業 □服務業 □農林漁牧業 □家管 □學生
□其他＿＿＿＿＿＿＿＿

3 您從何處購得本書？
□網路書店 □博客來 □金石堂 □讀冊 □誠品 □其他＿＿＿＿＿＿＿＿
□實體書店＿＿＿＿＿＿＿＿

4 您從何處得知本書？
□網路書店 □博客來 □金石堂 □讀冊 □誠品 □其他＿＿＿＿＿＿＿＿
□實體書店＿＿＿＿＿＿＿＿ □ FB（三友圖書－微胖男女編輯社）
□三友圖書電子報 □好好刊（雙月刊）□朋友推薦 □廣播媒體＿＿＿＿＿＿＿＿

5 您購買本書的因素有哪些？（可複選）
□作者 □內容 □圖片 □版面編排 □其他＿＿＿＿＿＿＿＿

6 您覺得本書的封面設計如何？
□非常滿意 □滿意 □普通 □很差 □其他＿＿＿＿＿＿＿＿

7 非常感謝您購買此書，您還對哪些主題有興趣？（可複選）
□中西食譜 □點心烘焙 □飲品類 □旅遊 □養生保健 □瘦身美妝 □手作 □寵物
□商業理財 □心靈療癒 □小說 □其他＿＿＿＿＿＿＿＿＿＿＿＿

8 您每個月的購書預算為多少金額？
□ 1,000 元以下 □ 1,001 ～ 2,000 元 □ 2,001 ～ 3,000 元 □ 3,001 ～ 4,000 元
□ 4,001 ～ 5,000 元 □ 5,001 元以上

9 若出版的書籍搭配贈品活動，您比較喜歡哪一類型的贈品？（可選 2 種）
□食品調味類 □鍋具類 □家電用品類 □書籍類 □生活用品類 □ DIY 手作類
□交通票券類 □展演活動票券類 □其他＿＿＿＿＿＿＿＿

10 您認為本書尚需改進之處？以及對我們的意見？

＿＿＿＿＿＿＿＿＿＿＿＿＿＿＿＿＿＿＿＿＿＿＿＿

感謝您的填寫，
您寶貴的建議是我們進步的動力！

本回函得獎名單公布相關資訊
得獎名單抽出日期：2017 年 9 月 29 日
得獎名單公布於：
臉書「三友圖書－微胖男女編輯社」：https://www.facebook.com/comehomelife/
痞客邦「三友圖書－微胖男女編輯社」：http://sanyau888.pixnet.net/blog

【黏貼處】對折後寄回，謝謝。